果树栽培学
课程教学设计

姚文孔　主编

中国农业大学出版社
·北京·

内 容 简 介

本书是根据《果树栽培学总论》和《果树栽培学各论》(北方本)教材编写的教学设计辅导书,全书包括果树栽培及果树资源分类、果树生命周期和年生长周期、果树器官生长发育、生态环境对果树生长发育的影响、果树育苗、建立果园、果园土肥水管理、果树整形修剪、花果管理、果园的灾害与预防以及苹果、梨、葡萄、桃等内容的教学设计。

本书采取以学生为中心的教学设计方案,每部分教学设计内容包括教材分析、教学内容分析、教学目标分析、学情分析、重点难点分析、教学模式、教学设计思路、教学活动设计等,融入以"学"为主的教学设计模式和信息化技术,教学过程充分体现学生的主体性,旨在培养学生探究思考、创新应用的能力。

本书可作为高等农林院校园艺专业、林学专业果树栽培学课程教学的辅助用书,也可以作为从事农业教育相关工作的教师和研究者的参考用书。

图书在版编目(CIP)数据

果树栽培学课程教学设计 / 姚文孔主编 . —— 北京:中国农业大学出版社,2024.7.
ISBN 978-7-5655-3226-9

I. S66

中国国家版本馆 CIP 数据核字第 2024E50E82 号

书 名	果树栽培学课程教学设计
作 者	姚文孔　主编

策划编辑	何美文	**责任编辑**	何美文　刘彦龙
封面设计	北京中通世奥图文设计中心		
出版发行	中国农业大学出版社		
社　　址	北京市海淀区圆明园西路 2 号	**邮政编码**	100193
电　　话	发行部 010-62733489,1190	**读者服务部**	010-62732336
	编辑部 010-62732617,2618	**出　版　部**	010-62733440
网　　址	http://www.caupress.cn	**E-mail**	cbsszs@cau.edu.cn
经　　销	新华书店		
印　　刷	河北虎彩印刷有限公司		
版　　次	2024 年 7 月第 1 版　　2024 年 7 月第 1 次印刷		
规　　格	185 mm×260 mm　　16 开本　　11 印张　　272 千字		
定　　价	42.00 元		

图书如有质量问题本社发行部负责调换

编审人员

主　编：姚文孔

副主编：冯　美　尹　晓　张桂娟

主　审：张　宁

由河北农业大学主编的《果树栽培学总论》和《果树栽培学各论》(北方本)教材的出版汇聚了三代果树学专家的心血和智慧。该教材自1980年第一版作为全国统编教材出版至今,一直是各农业院校果树专业、园艺专业选用的果树栽培学课程教材。该教材对提高教学质量和促进果树生产、科学研究起到了良好的作用,获得了广大师生和科研、生产部门的好评,为果树专门人才的培养做出了积极贡献。

　　党的十八大提出要把立德树人作为教育的根本任务。"课程育人"是立德树人的重要途径,为了落实教育部"立德树人、育人为本"的教学理念,全面实施素质教育,增强学生的自信心,促进学生全面发展,近年来宁夏大学果树栽培学教学团队不断进行果树栽培学课程以学为中心的教学改革与实践。教学中以《果树栽培学总论》和《果树栽培学各论》(北方本)教材为基石,构建了以学为中心的高效课堂。《果树栽培学课程教学设计》是基于果树栽培学教学特点,融入以学为中心的教学模式和信息化教学设计方案,教学过程充分体现学生的主体性,教师由知识传递者转变为学生学习的伙伴、学习的设计者和支持者,在教改实践中,不断尝试和探索信息技术支持的教学模式创新与重构。

　　本书秉承现代教育理念和现代教学理论,注重从整体出发的综合教学设计观,关注教学过程中各种因素的综合分析,以期达到教学目标的系统化设计。教学中凝练了知识、能力、素质和思政目标,从学生的全面发展进行教学设计,构建了反向设计的课前、课中、课后三位一体的教学模式,依托雨课堂等平台,达到"先学后教,以学定教"的深度结合。本书充分体现了课前、课中、课后教师教学设计内容:课前提炼问题、设计任务、编写学案、整理学习资料发给学生;课中一方面结合学生疑惑点、重点和难点,另一方面紧密结合科技发展前沿和教学团队的研究成果进行教学和分组讨论,旨在内化知识和提高学生创新和应用能力;课后线上进一步巩固学习和评价反思。同时,倡导以"主动参与,交流与合作"为主要特点的多种教学方法,培养学生分析和解决问题能力、语言表达能力和团队协助能力。

　　宁夏大学果树栽培学教学团队在深刻领会《果树栽培学总论》和《果树栽培学各论》(北方本)教材内容的基础上,通过课程教改实践,编写出了《果树栽培学课程教学设计》教材。该教材具有明显的时代特色,很好地融入了现代教育教学理念和信息化教学手段,是团队老师们集体智慧的结晶,读来深受启发,受益匪浅。相信它的出版必将为新时代高素质果树专业人才的培养做出积极的贡献。

2024 年 7 月于河北农业大学

前　言

　　果树产业是我国农业不可缺少的组成部分,在国民经济中占有重要的地位,在区域经济发展、助力乡村振兴中发挥着重要作用。党的二十大报告提出"教育、科技、人才是全面建设社会主义现代化国家的基础性、战略性支撑",要"实施科教兴国战略,强化现代化建设人才支撑"。进入新时代,随着果树产业的变革和"互联网+"等教学新技术的应用,针对乡村振兴战略中对新型农科人才的需求,要全面推进专业课程教学改革,教学过程各环节设计要有目的地培养学生探究、思考、实践、综合运用等高阶思维能力。

　　《果树栽培学课程教学设计》的编写基于果树栽培学课程教学目标和教学过程中不断进行改革的要求,以培养创新应用型人才为目标,以成果导向教育理念为指导,坚持信息技术与教学融合,旨在夯实学生的基础理论知识,培养学生解决问题和创新应用的能力,帮助他们成为全面发展的社会主义建设者和接班人。

　　宁夏大学园艺专业果树栽培学课程自设置以来,一直选用河北农业大学张玉星教授主编的《果树栽培学总论》和《果树栽培学各论》(北方本)为教学用书,《果树栽培学课程教学设计》立足于这两本果树栽培学教材,充分融合杨梅玲和毕晓白编著的《大学课堂教学设计》中教学设计思想,系统地呈现果树栽培学教学内容和教学设计。《果树栽培学课程教学设计》有以下3个特点:第一,教学设计内容系统、合理,按照教材分析、教学内容分析、教学目标分析、学情分析、重点难点分析、教学模式、教学设计思路、教学活动设计、学习评价、思考题、教学反思等设计。各章节中不同教学模式按照2个教学学时设计,相同教学模式按章节设计。第二,在思政素材和元素挖掘时融入《高等学校课程思政建设指导纲要》(教高〔2020〕3号)中对农学类专业课程思政建设的要求,发挥专业课程隐性教育作用,使学生产生情感共鸣,在不断启发中进行思想引领、价值塑造。第三,主要采用以"学"为主的多种教学设计模式。通过信息技术创新教学,课堂教学不再仅仅是传授知识,教学的一切活动都着眼于学生的发展,聚焦如何促进学生的发展和培养学生的高阶思维能力。

　　本书由宁夏大学果树栽培学课程教学团队姚文孔、冯美、尹晓基于教学过程中的案例编写,由张宁主审,宁夏大学张桂娟负责章节内容整理。编写过程中参阅了多部同行学者的教材和著作,以及国内外相关资料和研究文献,在此表示诚挚的感谢。

　　本书是宁夏大学园艺学西部一流学科建设项目(批准号 NXYLXK2017B03)、宁夏回族自治区线下一流课程"园艺植物栽培学(果树)""宁夏大学 2023 年本科教育卓越教学团队

1

（ZYJXTD2023019）"的成果之一。

　　由于作者的经验与学识有限,书中恐有错误和不妥之处,恳请广大师生和读者批评指正。

编　者

2023 年 5 月于银川

目 录

导　　论

　　科技发展尤其是互联网高度发达,对教育教学产生了巨大影响,体现在教学模式、方法及学习方法等方面。这些要求教师必须改变教学理念和教学模式,按照党的二十大"实施科教兴国战略,强化现代化建设人才支撑"精神,全面贯彻党的教育方针,落实立德树人根本任务,培养德智体美劳全面发展的社会主义建设者和接班人,推进课程"两性一度"(创新性、高阶性和挑战度)建设。教学设计就是对教学的各个要素的谋划,是教学前对教学的各项工作的基本策划,目的是使教师的教学工作能按照预先计划有条不紊地进行。教学设计是教师教学工作的重要组成部分,"两性一度"特征可以在教学设计的各环节体现和实现。环环相扣的教学设计,可以不断提升课堂教学质量。导论首先对教学设计的概念和相关理论、课堂教学设计模式等进行介绍,然后介绍适应新时代的果树栽培学课程教学设计,以更好地指导教师进行本课程的教学设计。

一、教学设计的概念及相关理论

1. 教学设计的概念

　　教学设计起源于美国。关于教学设计的含义,国内外许多专家给出了不同的定义,以下是几种典型的对教学设计的描述和定义。

　　美国教育家加涅的教学设计理论是在他的学习理论和教学理论的基础上提出的,包含同时考虑学习条件与学习结果的教学设计的基本原理与技术。具体来说,就是将教学设计定义为一个系统化规划教学过程,其实质就是应用系统方法,根据不同的学习结果类型创设不同的学习内部条件并相应安排学习外部条件,从而促进有效学习的发生。

　　何克抗(2001)认为教学设计是建立在教学科学基础上的技术,是运用系统方法,将学习理论与教学理论的原理转换成对教学目标(或教学目的)、教学条件、教学方法、教学评价等教学环节进行具体计划的系统化过程,旨在创设促进学生掌握知识技能的学习经验和学习环境。

　　乌美娜(1994)认为教学设计是运用系统方法发现和分析教学问题和确定教学目标,建立解决教学问题的策略方案、试行解决方案、评价解决方案、评价试行结果和对方案进行修改的过程。它以优化教学效果为目的,以学习理论、教学理论和传播学为理论基础。

　　杨梅玲和毕晓白(2015)认为教学设计是面向教学系统,解决教学问题的一种特殊设计活动,是运用现代教育心理学、传播学、教学媒体论等相关的理论和技术,分析教学中的问题和需要,设计、试行解决方法,评价试行结果并加以改进原有设计的一个系统工程。

　　根据管理科学的定义,教学设计是指用系统的方法呈现教学问题,研究解决问题的途径,评价教学结果的计划过程或系统规划。教学设计内容主要包括学习需要分析、学习内容分析、学情分析、学习环境分析、确定学习目标、设计教学策略、选择教学媒体或资源、学习效果评价、教学反思等。在一定程度上,教学设计是建立在对学习过程的多年研究的基础之上的。教学设计的系统化包括教学的计划、开放、实施和评价。当今时代,结合计算机的应用,使得如何计划、如何教及如何评价变得更加有效。

2. 教学设计的相关理论

在教学设计发展过程中,有重要影响的基本理论包括系统科学理论、传播理论、教育视听理论、学习理论、教学理论和教学系统设计理论等。

1)系统科学理论

系统科学理论作为一种科学的方法论,对教学设计产生举足轻重的影响。系统科学理论主要包括系统观点、系统理论和系统方法。一般系统论是一套相互联系的概念和原则,如系统的概念、系统的整体性原则、有机相关性原则、动态性原则、有序性原则、目的性原则。该理论认为,任何系统只有通过相互联系并形成整体结构,才能发挥整体功能;任何系统只有通过反馈信息,才能实现有效控制,从而达到目的;任何系统不仅开放而且有涨有落,即偏离平衡状态,才能走向有序,形成新的稳定的有序结构,以使系统与环境相适应。系统科学理论的整体性是教学设计的核心,系统科学理论的环境信息反馈是教学设计中需要考虑的重要因素,系统科学理论的有序性决定了教学设计的有序性与目的性。运用系统方法分析课堂教学系统中各要素的地位与作用,使各要素得到最佳组合,从而优化课堂教学的要求,是教学设计的一个基本特征,同时也是教学设计成功与否的关键所在。

2)传播理论

按照信息论的观点,教学过程是一个教育信息传播的过程,在这个传播过程中有其内在的规律性。教育传播是由教育者按照一定的目的要求,选定合适的信息内容,通过有效的媒体通道,把知识、技能、思想、观念等传送给特定的教育对象的一种活动,是教育者和受教育者之间的信息交流活动。传播理论的基本要素包括传播者与受播者、信息与媒介、编码与译码、干扰(噪声)、反馈、传播环境、传播效果。教育传播模式有以教师为中心的传播模式、以学生为中心的传播模式和以问题为中心的传播模式。教育传播模式是教育传播过程各要素之间相互关系的表现形式。经典的教育传播模式有亚里士多德传播模式、拉斯韦尔的"5W"模式、香农 - 韦弗模式、施拉姆模式等。

3)教育视听理论

视听理论产生于 20 世纪 40 年代,视听教育是通过利用视觉和听觉等感觉,帮助学生更好地理解与感知教育内容,并培养其创造力和审美能力的一种教育方式。视听教育以多媒体为载体,注重情感体验与审美感受的培养,具有直观性、感染性和趣味性等特点。比较成熟的是戴尔的经验之塔理论。他将学习活动分为活动的学习模式、图像的学习模式、符号的学习模式 3 种类型,并按照从具体到抽象排成一个塔状,形成了从实际活动到观察再到抽象的完整过程。视听教育在教育中具有增强学习效果、培养创造力和想象力、培养审美观和审美能力等重要作用。

4)学习理论

学习理论是教育学和教育心理学的一门分支学科,描述或说明人类和动物学习的类型、过程,以及有效学习的条件。学习理论是探究人类学习本质及其形成机制的心理学理论。它重点研究学习的性质、过程、动机以及方法和策略等。在教学设计理论体系中,学习理论处于核心地位。心理学家从不同的观点,采用不同的方法,根据不同的实验资料,提出了许多学习的理论。一般分为两大理论体系:刺激—反应理论和认知理论。在学习理论的发展史上,形成了各种学习理论的流派。纵观教学设计理论的发展,行为主义学习理论、认知主义学习理论、人本主义学习理论以及建构主义学习理论等,它们都为现代教学设计的发展注入了强大的生命力。

(1)行为主义学习理论　行为主义认为,学习是刺激与反应的联结,有机体接受外界的刺激,然后对此作出对应反应,这种刺激与反应之间的联结就是所谓的学习。行为主义学习理论的教学设计观点是以行为主义理论为基础的程序教学,在大量实践的基础上,形成了一系列设计原则。这些原则成为早期计算机辅助教学设计的理论依据,并且在当今教学设计中仍起着重要作用。这些原则包括规定目标、经常检查、“小步子”与低错误率、自定“步调”、显性反应与及时反馈。行为主义的学习理论,主要解释学习是在既有行为之上学习新行为的历程,是关于由“行”而学到习惯性行为的看法。在教学设计中,教学目标强调对外部的学生反应进行描述和检测;教学方法强调以学习内容和已形成的反射结构来展开教学,并以“小步子”进行,强调及时强化,强调有效性,并以此进行教学信息的传递与教学效果的评价。因此,基于行为主义的教学设计在许多技能性训练和操练中具有很好的效果。控制学习环境、重视学习效果的客观行为,以及重视反馈强化的观点,至今依然在教学设计领域广泛应用。这种教学设计的缺点是不能解释在学习者内部学习是如何发生的,他们的研究主要是基于外显的、可以观察到的行为。结果,他们只能解释相对简单的学习活动。因此,在高级的教学设计活动中,行为主义的作用有限。例如,行为主义学习理论很难解释学习者是如何处理信息的,然而,了解学习者内部信息处理过程对于特定的教学设计任务是至关重要的,例如培养学生解决问题能力的教学设计。

(2)认知主义学习理论　认知主义学习理论的主要代表人物有布鲁纳、奥苏贝尔和加涅。布鲁纳的认知发现说认为,学习的实质是学生主动地通过感知、领会和推理,促进类目及其编码系统的形成;应该鼓励学生探索新情境,提出假设,推测关系,应用自己的能力解决新问题和发现新事物。认知主义学习理论的教学设计观包括:①关于教学目标。确立理智发展的教学目标,教学的主要目的就是发展学生的智力。必须强调教育的质量和理智的目标,也就是说,教育不仅要培养成绩优异的学生,而且要帮助学生获得最好的理智发展。②关于教学内容。让学生学习学科的基本结构,即学科的基本概念、基本原理、基本态度和方法。学习学科结构有利于学生知道一门学科的基本构成或它的逻辑组织,有助于理解这门学科;学生了解了学科的基本概念和基本原理,有助于把学习内容迁移到其他情境中去;把教材组织成一定的结构形式,有助于学生记忆具体的知识。认知派学习理论没有把教材作为终极目的,而是当作一种教学素材,它倡导对教材的再加工,帮助学生重组原有认知结构,最终目的在于借助教材使学生形成新的认知结构。③关于教学方法。认知主义者强调学生的心理准备状态,承认学生的主体性,把教学过程作为学生自主发现的过程。学生运用教师提供的按发现过程编制的教材或材料进行“再发现”,以掌握知识并发展创造性思维与发现能力。学生不是被动地接受知识,而是积极主动地在教师创造的学习情境中发现知识。发现法强调学习过程、直觉思维、内在动机和信息提取。④关于教学评价。认知主义者重视把评价目标放在学生能否应用适当的知识去解释问题上,强调学生对问题的回答是否同他所掌握的资料或事实一致等,突破了行为主义理论对评价标准的唯一性。

（3）人本主义学习理论　人本主义学习理论代表人物是马斯洛和罗杰斯。人本主义学习理论是建立在人本主义心理学的基础之上的。人本主义主张，心理学应当把人作为一个整体来研究，而不是将人的心理肢解为不完整的几个部分，应该研究正常的人，而且更应该关注人的高级心理活动，如热情、信念、生命、尊严等内容。罗杰斯认为，一个人的自我概念极大地影响着他的行为，他提出了"非特异性教学"的概念及其教学过程。在教学过程中，教师成为促进者，通过与学生建立融洽的关系，促进学生的成长。这种教学过程包括 5 个阶段，即确定帮助情境—探索问题—形成见识—计划和选择—整合。这种非指导性教学是建立在"意义学习"基础上的教学。罗杰斯的教育理想就是要培养"躯体、心智、情感、精神、心力融汇一体"的人，也就是既用情感的方式也用认知的方式行事的情知合一的人。罗杰斯提出教师作为促进者要发挥 4 个方面的作用：一是帮助学生阐明自己想要学习什么；二是帮助学生安排适宜的学习资料和学习活动；三是帮助学生弄清他们所学东西的意义；四是维持促进学习的气氛。

（4）建构主义学习理论　建构主义学习理论是认知学习理论的一个重要分支。建构主义者强调学习的主动性、社会性和情境性。教师不单是知识的呈现者，不是知识权威的象征，而应该重视学生自己对各种现象的理解，倾听他们的看法，思考他们这些想法的由来，并以此为据，引导学生丰富或调整自己的解释。教学应在教师指导下以学习者为中心，当然强调学习者的主体作用，也不能忽视教师的主导作用。教师的作用从传统的传递知识的权威转变为学生学习的辅导者，成为学生学习的高级伙伴或合作者。乔纳森建构主义观点对传统教学设计模式中各要素的影响和改变主要表现在 6 点：①弱化教学目标分析；②强化学习内容分析；③强调学习者非智力因素的分析；④增加对学习环境要素的设计；⑤强调自主学习策略和协作学习策略设计；⑥强调自我评价和评价方式的多样性。

5）教学理论

教学理论是教育学的一个重要分支。它既是一门理论科学，也是一门应用科学；它既要研究教学的现象、问题，揭示教学的一般规律，也要研究利用解决教学实际问题的方法策略和技术；它既是描述性的理论，也是一种处方性和规范性的理论。教学理论来源于教学实践而又指导教学实践，与教学实践成辩证关系。教学理论的形成经历了漫长的历史阶段，从教学经验总结到教学思想成熟，再到教学理论的形成。这一进程是人们对教学实践活动认识不断深化、不断丰富和不断系统化的过程，其中系统化是教学理论形成的标志。下面介绍几种对教学设计影响较大的教学理论。

杜威的教学理论的基本思想是"教育即生活""教育即生长""教育即经验的改造"。他提出了"从做中学"的教学中心原则，把求知的过程与知识本身看成同等重要，视二者为同一物体。

美国芝加哥大学布鲁姆教授的教育目标理论指出，认知领域的教育目标可分为识记、领会、应用、分析、综合、评价 6 个层次，形成由简到繁的梯度。布鲁姆的教育目标分类是我们制订教学目标的重要参考依据。

美国心理学家、教育学家布鲁纳的结构发现教学理论认为，学生的学习应重在理解该学科的基本结构，即每门学科中的基本概念、原理、法则的体系。布鲁纳主张发现学习，发现学习并不要求学生去探索新知，创造科学成果，而是要主动参与学习过程，进行探究式学习。

6）教学系统设计理论

加涅认为"对用以促进学习的资源和步骤作出安排就是教学设计"。他的"学习条件论"

认为,学习者受各种环境的刺激导致了学习的发生,这种刺激可看作学习过程的投入。学习过程的产出是可观察到的人类操作行为的改变。尽管能引起学习的人类操作千差万别,但人们可以从有利于认识学习过程的角度把人类操作进行分类。这就需要对教学进行整体设计。

加涅与布里格斯认为,教学设计应具备4个前提条件:①必须为个体而设计;②设计应当包括短期和长期的阶段;③设计应当实质性地影响个体发展;④设计必须建立在关于人们如何学习的知识基础上。加涅认为人的学习是包括不同层级的,不同类型学习的内部和外部条件是不同的。他的教学设计理论正是基于其"学习层级说",教学设计的目的就是为学生不同学习结果或能力的产生提供最佳学习条件。

瑞奇鲁斯的"教学系统设计理论框架及其细化理论"把教学理论的变量分为教学条件、教学策略和教学结果,并进一步把教学策略变量细分为教学组织策略、教学管理策略和教学传输策略。他认为这种理论综合了布鲁纳的螺旋式课程序列和奥苏贝尔的逐渐分化课程序列的最短路径序列,是一种通用的课程序列化的理论。

美国教育技术专家梅瑞尔提出了"教学交易理论"的第二代教学设计思想。他认为第二代教学设计思想有助于分析、描述和引导教师教授一些整合的知识和技能;有助于产生一些教育处方,利用这些处方我们可以选择交互教学策略,对教学交易进行选择和排序;是一个开放的系统,能够整合一些新的教和学的知识并把它们运用在设计过程中;能够整合教学开发的各个阶段。梅瑞尔总结出了教学设计的5个最基本的原理:①让学习者置身在一个真实的问题情境中时,有利于学生的学习;②当现存的知识被激活并且作为学习新知识的基础时,有利于学生的学习;③给学习者示范新知识,有利于学生的学习;④学生能够运用新知识时,有利于学生的学习;⑤学生能把新知识整合在自己的认知结构中时,学习是有效的。

何克抗提出了"教学系统设计理论",并在此基础上提出了"主导—主体"教学设计模式。"主导—主体"教学设计模式是以教为主和以学为主这两种教学系统设计相结合的产物。该模式在深入分析以教为主的教学系统设计和以学为主的教学设计模式各自优缺点的基础上,结合我国教育实际和社会对新型人才培养的需求,将两种模式取长补短,提出了在教学中既要充分发挥教师的主导作用,又要创设有利于学生主动探索、主动发现,有利于体现学生的主体地位和创新人才培养的新型学习环境的双主教学系统设计思想,初步建构了具有中国特色的教学设计理论体系。

二、课堂教学设计模式

模式一般指被研究对象在理论上的逻辑框架,是经验与理论之间的一种可操作性的知识系统,是一种再现现实的理论性简化结构。将模式一词最先引入教学领域并加以系统研究的人,当推美国的乔伊斯和韦尔。乔伊斯和韦尔在《教学模式》一书中指出:"教学模式是构成课程和作业、选择教材、提示教师活动的一种范式或计划。"

1. 基本内涵

教学模式可以定义为在一定教学思想或教学理论指导下建立起来的、较为稳定的教学活动结构框架和活动程序。教学设计过程模式就是在教学系统设计的实践中逐渐形成的教学设计的系统化、稳定的操作样式。它用简约的方式,提炼和概括了教学设计实践活动的经验,解释和说明了教学设计的理念和有关理论。教学设计模式既是教学设计理论的具体化,也是教学设计实践活动的升华。

2. 教学设计模式

教学设计模式是指运用系统方法对不同教学系统进行教学设计的各种标准化形式。教学设计模式是教学设计理论的精简形式。它为教学活动过程提供了可视化途径,具有操作性强的特点。教学设计模式既是教学设计理论的具体化,也是教学设计实践活动的升华。杨梅玲、毕晓白在《大学课堂教学设计》中把教学设计模式分为以教为主的教学设计模式、以学为主的教学设计模式和"主导—主体"教学设计模式。

1)以教为主的教学设计模式

以教为主的教学设计主要基于行为主义理论和认知学习理论,强调教师的主导作用,有利于教师主导地位的发挥,有利于教师对整个教学过程的监控,有利于系统科学知识的传授,有利于教师教学目标的完成,有利于学生基础知识的掌握。但重教轻学,忽视学生的自主学习、自主探究;使学生缺乏发散思维、批判性思维的创建;完全由教师主宰课堂,忽视学生在教学过程中的主体地位。

2)以学为主的教学设计模式

以学为主的教学设计模式的理论基础是建构主义。其设计原则是:强调以学生为主;强调情境对意义建构的重要作用;强调"意义学习"对意义建构的关键作用;强调对学习环境(而不是教学环境)的设计;强调利用各种媒体来支持学而非支持教;强调学习过程是最终目的、是意义建构。该模式强调学生在学习中的主动性和建构性,有利于创新型人才的培养。

3)"主导—主体"教学设计模式

以学为中心的优点是有利于具有创新思维和创新能力的创新型人才的培养,其缺点是忽视了教师主导作用的发挥和忽视情感因素在学习过程中的作用。而以教为主的优点是有利于教师主导作用的发挥,并重视情感因素在学习过程中的作用。在教学过程中应将二者结合起来,取长补短,形成"主导—主体"双主教学设计。

三、果树栽培学课程教学设计概述

果树栽培学课程教学设计以成果导向教育(outcome based education,OBE)理念为指导,基于我们想让学生取得的学习成果是什么、为什么要让学生取得这样的学习成果、如何有效地帮助学生取得这些学习成果、如何知道学生已经取得了这些学习成果这 4 个问题,依据果树栽培学教学内容,用以上介绍的教与学的原理策划教学资源和整个教学活动的过程。通过不同教学模式进行教学设计,实现课程的教学目标。果树栽培学课程教学设计从教材分析开始,依次进行教学内容的分析和选择、教学目标的确立、学习者的需求分析、教学活动的设计等,整个过程实现教与学问题的解决。果树栽培学课程教学设计的过程主要包括:教材分析、教学内容分析、教学目标分析、学情分析、重点难点分析、教学模式、教学设计思路、教学活动设计、学习评价、思考题、教学反思。对每一个环节简单概述如下。

1. 教材分析

教材又称课本,它是依据课程标准编制的、系统反映学科内容的教学用书。广义的教材指课堂上和课堂外教师和学生使用的所有教学材料,如课本、讲义等。狭义的教材即教科书。教材是课程标准的具体化,它不同于一般的书籍。教材分析是教师把握、领会和组织教材,以便有助于开展教学的一种实践活动,它是教学准备的首要工作,所以要研读教材、把握教材、挖掘教材、拓展教材。

1)果树栽培学教材内容

果树栽培学主要在讲授果树栽培基本理论和技术的基础上,重点讲授如何应用这些理论和技术以调控果树与环境、生物学性状与经济学性状、生长与结果、数量与质量的统一,使之符合人们生产栽培的需要,达到早果、高产、稳产、优质、高效、安全的目标,为我国果树生产与发展服务。果树栽培学教材的内容,从对基础理论知识、能力和技能的掌握两个方面划分。

(1)理论知识方面　①了解果树栽培的历史概况、成就和发展方向。②掌握栽培果树的种类、分类和分布概况。③掌握果树树体结构及果树枝、芽、叶特性及应用,掌握果树器官的生长发育规律。④了解环境条件对果树的影响及果园灾害及其预防。⑤解释果树育苗、建园、土肥水管理、整形修剪、花果管理和高品质化栽培的机理、原则和途径。⑥熟悉各种主栽果树种类的生物学和栽培学上的特性和特殊规律。⑦能够应用果树生物学基础原理和生态学基础原理解释果树生长发育过程的机理。

(2)能力和技能方面　①认识果树树种与品种。②能够对果树的形态结构、生长结果习性、物候期、果实产量与品质等进行调查和观察。③了解果树育苗原理及熟悉果树苗木培育过程;能够规划设计果树生产基地;掌握各种果树各个年龄时期及年周期的土肥水、整形修剪、花果管理等综合栽培管理技术。④能够运用栽培基本理论、基本知识,观察果树生长状况,对生产中出现的问题进行解释,并能作出反应,利用栽培技术解决。⑤能够运用科学技术和科学管理方法进行果树生产创新,能进行环境友好、资源节约、产品安全、高效的现代果树生产经营。⑥能运用果树专业基本理论和基本技能,熟练从事果树产业及其相关领域科技推广和研究等。⑦具备果树栽培学扎实的理论知识和技能,具备运用所学知识进行思考和解决问题的能力。⑧能够就果树栽培问题与业界同行及社会公众进行有效沟通和交流,且具备一定的团队协作能力。

2)教材分析要点

教材分析要对教材结构进行整体分析,要求教师必须熟悉课程大纲,了解教材编写者的意图,清楚整个学段教材的逻辑线索,能够把前后相关的知识整合起来。如同数学中的点、线、面、体一样,知识的掌握也可分为这四个层次。要把一个一个的知识点前后联系起来形成一条线,把不同类型的各条线的知识横向联系起来形成一个面,把不同课程的知识纵向、横向联系起来形成一个知识的立方体。在教学中不管从哪个知识点切入,都要能把各种知识连接起来。所以果树栽培教材可以从以下几个方面分析:①识别教材的内容。认识和理解教材,首先要明确教材的内容属于哪方面内容,是知识方面还是技能方面;还要研究本段教材中各个具体内容分别属于哪部分知识、技能,以便依据不同类别知识、技能的特点和教学规律,选择适当的教学策略与方法。②教材编写的思路与内容的逻辑关系。要分析教材对基础知识和基本技能的表达方式和程序,研究素材、试验等与知识、技能穿插编排的意图,从中领悟教材提供的教与学的过程和方法,明确教材的编写思路及其内在的逻辑关系,以此作为理解教材的一个重要方面和设计教学过程的重要依据。③明确教材在知识体系中的地位和作用。掌握新旧知识、技能的联系,为新知识、技能教学和实现知识系统化提供支撑。教师应该认真研究教材内容中的新知识和前后教材中知识的关系,发掘新知识、新技能,以实现知识、技能的迁移;还要分析教材中新内容与相关知识的联系与区别,不断将新知识归纳到学生已有的认知结构中,努力构建各类知识、技能网络，从全局上更好地把握和使用教材。

2. 教学内容分析

教学内容是指为实现总的教学目标，学生需要系统学习的知识、技能、态度和行为经验的总和。教学内容是学校为实现教育目的而规定的在教学过程中传授知识和技能的范围和深度。

1）教学内容分析含义

不同的教学内容有不同的结构特点。教学内容分析是指教师在备课时对教材的钻研和整体把握，是划分教材内容的层次结构、确定教学内容的类型、整合教学点、设计教学内容编排顺序及各教学内容之间的关系等。分析教学内容是教学内容设计的关键一步。

2）教学内容分析构成要素

教学内容分析首先要分析教材包含的教学点。教学点是指一个相对独立、完整的片段教学过程中所包含的所有教学内容的总和。教学点包括知识、动作技能、方法、能力、情感教学点，是教学过程中作为教学目标必须让学生取得的学习成果。各教学点之间是相对独立的、完整的。其次要进行教学内容关系分析。教学内容关系分析包括单元之间、章节之间、问题之间、知识点之间的关系分析。在梳理教学内容时，必须把这些关系分析清楚，分析清楚各部分之间是上位关系、下位关系，还是并列关系。分析清楚后，才能科学地安排教学内容的先后顺序。如果这些关系之间处理混乱，课堂就容易变成"平铺直叙""就知识而论述知识"的课堂。教学内容分析的一般步骤为：选择与组织单元，将总的教学目标分成具体目标，确定具体教学目标的类型，分析并选择学习内容，安排学习内容的顺序，初步评价学习内容。

3）教学内容分析方法

教学内容分析方法有归类分析法、图解分析法、层级分析法、信息加工分析法、解释结构模型法等。

（1）归类分析法　是研究对有关信息进行分类的方法，旨在鉴别为实现教学目标所需学习的知识点。确定分类方法后，或用图示，或列提纲，把实现教学目标所需学习的知识归纳为若干方面，从而确定教学内容的范围。需要说明的是，从形式上看，该示意图与后面将讨论的层级分析图相似，但在归类分析中，各知识点之间本质上不存在难度层级关系。

（2）图解分析法　是一种用直观形式揭示教学内容要素及其相互联系的内容分析方法，用于对认知教学内容的分析。图解分析的结果是一种简明扼要、提纲挈领地从内容和逻辑上高度概括教学内容的一套图表或符号。例如用概念图和思维导图描述教学内容之间的关系。概念图是一种用节点代表概念，连线表示概念间关系的图示法。概念图在教学过程中帮助学生表现知识点之间的逻辑关系，是一种多线性的流程图。果树栽培学教学内容逻辑关系清晰，知识之间存在很多关联，适合用概念图分析。思维导图具有发散性、联想性、条理性和整体性的功能。它是一个简单有效的思维工具。思维导图有利于在新知识授课中建构知识结构，也能在复习课中有效将知识进行关联。思维导图不仅能够作为辅助思考的工具，同时可以作为处理知识及学习的有效方法，直接应用到知识学习的过程，有利于学生综合素质的提升。思维导图是一种全新的思维模式和有效的教学方法，应用思维导图能促进以学为主的教学，提高教师的教学质量。

（3）层级分析法　是用来揭示教学目标所要求掌握的从属技能的一种内容分析方法。这是一个逆向分析的过程，即从已确定的教学目标开始考虑：要求学习者获得教学目标规定的能力，他们必须具有哪些次一级的从属能力，而要培养这些次一级的从属能力，又需具备哪些再次一级的从属能力,依此类推。可见,在层级分析中,各层次的知识点具有不同的难度等级,愈是在底层的知识点,难度等级愈低(愈容易),愈是在上层的难度愈大。

(4)信息加工分析法　由加涅提出,是将教学目标要求的心理操作过程或步骤揭示出来的一种内容分析方法。即对学生学习后的终点行为——教学目标进行分析,以揭示顺利完成该目标所具有的外显和内隐的过程。信息加工分析法是少数几种描述隐性思维过程工作任务的分析方法之一。这种方法特别适用于复杂的极少有外在行为特征的工作任务分析。对于特别复杂的认知型工作任务,使用信息加工分析法可能很难描述。如果一个决策点有多个选项,那么很难将决策的分支详细地描述出来。

(5)解释结构模型法　英文名称 interpretative structural modelling method,简称 ISM 分析法,是用于分析和揭示复杂关系结构的有效方法,它可将系统中各要素之间的复杂、零乱关系分解成清晰的多级递阶的结构形式。ISM 分析法是系统科学里的一种研究方法,是搭建在自然科学与社会科学之间的一种有效的研究方法。ISM 建模需要运用布尔矩阵运算或者是相对复杂的拓扑分析,这种手法属于典型的系统科学研究方法。ISM 在分析教学资源内容结构和进行学习资源设计与开发研究、教学过程模式的探索等方面具有十分重要的作用,它也是教育技术学研究中的一种专门研究方法。

3. 教学目标分析

1)教学目标含义

教学目标是指教师要求学生通过教学过程达到的学习成果或最终行为,在方向上对教学活动起指导作用,并为教学评价提供依据。对学生而言,则称为学习目标。教学目标的设计是教学设计的重要环节,是设计教学策略、检测教学效果、调控教学过程不可缺少的基础工作。教学目标的分析与确立是学科教学设计中一个至关重要的环节,它决定着教学的总方向,学习内容的选择、教与学的活动设计、教学策略和教学模式的选择与设计、学习环境的设计、学习评价的设计都要以教学目标为依据来展开。因此,确定教学目标是教学设计的核心问题。

2)教学目标设计的过程

教学目标的设计一般分为三个步骤:第一步,根据课程标准、教学内容特点、学生的学习情况等设计教学目标;第二步,确定教学目标的类型,分析教学应达到的目标层次,确立行为动词;第三步,用简单、明了的语言陈述教学目标。教师在教学的过程中需要明确学生"学什么"。教师对学生"学什么"的思考不仅有对学生学习结果的要求,还有对学习认知行为、学习态度的要求,提出了行为目标,内部过程与外显行为相结合的目标,有利于多层次、全方位地设计教学目标。教师知道了学生"学什么"之后,就可针对性地设计教学目标,使之更加清晰、直观、有操作性。教师明确了学习的内容之后,接下来"怎样学"又是一个要考虑的问题,也就是学习策略的使用,即有计划地使学生获得学习内容的活动过程。学习策略的使用并不是孤立的,而是受到学习者主观因素的影响,教师需要在综合各项因素之后,寻找适合学生的学习方式,促使学生更好地掌握知识。"怎样学"的过程,也对教师提出了更多的要求。"怎样学"确定之后,接下来就面临"学得如何"的问题,也就是对于学生的培养应该取得怎样的效果。

3)教学目标设计的要素

(1)行为主体　教学目标设计的行为主体必须是学生而不是教师,教学目标是预期学习者的学习结果,也就是预期学习者通过学习后产生的行为变化、内在能力的发展和情感的变化。例如,"使学生……""培养学生……的能力""提升学生……"等这些对教学目标的描述都是不符合要求的,因为没有将学习者放在教学目标的主体地位。在教学目标描述的过程中常常将行为主体"学生"忽略,是因为行为主体已经隐含在教学目标中了,是站在学生这个行为主体上来叙述的。

(2)行为动词　教学目标中行为动词的叙述并不是随意选择的,必须把握住可测量、可评价、具体而明确的原则,不能描述得模糊、笼统、抽象、不可测量。教学目标的行为动词是指导教学有效开展的指引灯,是检验学生教学目标达成情况的有力说明。因此,教师在描述教学目标时不能轻易下笔,需要在以课程标准为依据的情况下,科学、合理、准确地用词。要确保所使用的每一个行为动词在后期测量的时候,都能够准确地评价。

(3)行为条件　指影响学生学习结果的特定范围或者限制,是评价参照的依据。即说明在评价学习者的学习结果时,应在哪种情况下评价。

(4)行为标准　指学生对目标所达到的最低表现水准,用以评价学习表现或学习结果所达到的程度。通过对行为标准作出具体描述,可使行为目标具有可测量的特点。标准的表述一般与"好到什么程度""精确度如何""要多少时间""质量要求如何"等问题有关。标准的说明可以是定量的或定性的,也可以二者都有。

4)认知领域学习目标

布鲁姆教育目标分类法是一种教育层次分类方法,其认知领域学习目标分类被大家广为接受。其水平从低到高共分为6层:识记(知道)、领会(理解)、应用、分析、综合、评价。其中,认知性问题是对知识的回忆和确认;理解性问题主要考查学生对概念、规律的理解,让学生进行知识的总结、比较和证明某个观点;应用性问题主要是指对所学习的概念、法则、原理的运用;分析性问题主要让学生透彻地分析和理解,并能利用这些知识来对自己的观点进行辩护;综合性问题能使学生系统地分析和解决某些有联系的知识点和集合;评价性问题使学生能理性地、深刻地对事物本质的价值作出有说服力的判断。在这6种类型的问题中,前三类属于初级层次的认知问题,它一般有直接的、明确的、无歧义的答案,而后三类问题属于高级认知问题,通常没有唯一的正确答案,可从不同的角度进行不同的回答。本课程主要依据布鲁姆教育目标分类法进行不同层次的学习目标编写。

4. 学情分析

学情分析是教学活动的基本环节,也是教学研究的基本内容,是教学设计过程中必不可少的关键环节,主要指在教学前对与课堂教学直接相关的学生情况进行研究与分析。学情分析是教与学内容分析(包括教材分析)的依据。没有学情分析的教学内容往往是一盘散沙或无的放矢,因为只有针对具体学生才能界定内容的重点、难点和关键点。学情分析一般由两个方面的内容构成:一方面是对学生主体存在的认知水平或程度和需求水平或程度的调查。分析学生现有的知识结构、思维情况、认知状态和发展规律,学生的生理和心理状况,学生的个性及其发展状态和发展前景,学生的学习动机、学习兴趣、学习内容、学习方式、学习时间、学习效果,学生的生活环境,学生的最近发展区、学生感受、学生成功感等;另一方面是教师主体针对所收集的学前调查信息作出的统计分析,可为"以学定教"提供重要依据。对学情的了解与深入分析,可为教学内容的取舍与分解、教学方法与教学媒体的选择,以及教学流程的确定等指明方向。学情分析的前端主要侧重于智力因素与非智力因素的调查,学情分析的后端是反馈矫正,主要是对大量调查数据进行统计分析,并根据学前调查的评估结果调整教学策略。学情分析可繁可简,针对具体教学内容时,进行一定的针对性调查和了解,是比较可行的。

5.教学重点和教学难点分析

1）教学重点分析

教学重点是教材中举足轻重、关键性的、最重要的中心内容,是课程大纲规定的或教师根据具体教学目标确定的,学生应掌握的重点教学内容。教学重点可以是知识能力或者是情感、态度、价值观方面。它是一堂课的中心,是贯穿于一堂课的灵魂和主线。它和教学目标既有区别,又有联系。教学重点是根据教学目标确定的。其确定依据包括:①根据知识类型确定教学重点。一般来讲,方法性知识和概括性知识属于教学重点。②根据教学目标确定教学重点。在教学过程中,所有教学活动均围绕教学目标服务。与教学目标直接相关联的教学内容就是教学重点。③根据教学的发展阶段要求确定教学重点。在教学过程中我们可以根据教学过程的发展阶段如本科阶段对学生业务素质的要求确定教学重点。④根据知识在学科中的地位和作用确定教学重点。例如,在学科中带有共性的知识一般为教学重点,而将概念、原理运用于新的学习之中,反而成了难点。

2）教学难点分析

课堂教学过程是为了实现目标而展开的,确定教学难点是为了进一步明确教学目标,以便在教学过程中突破难点,更好地为实现教学目标服务。只有明确了这节课的完整知识体系框架和教学目标,才能科学确定教学难点。教学难点是学生难以理解或领会的内容,可以是情感、态度、价值观,或较抽象、较复杂、较深奥的知识。

教学难点的确定依据如下:①教材难度。教材本身从内容、形式到语言都有难易之分。②知识难度。教材中一些抽象知识、方法性知识等,综合性较强,变化较为复杂,学生一时难以接受和理解的内容。

课堂教学要突破难点,这就需要老师在讲课时必须讲清难点,帮助学生厘清头绪,从而有效地学习教材。善于引导是突破教学重点和难点最有效的方法,是指教师在教学过程中根据问题症结和难点实质,用富有启发性的教学方式和教学语言多角度地启发学生,使之产生多方联想而有所感悟。

6.教学模式

教学模式是在一定教学思想或教学理论指导下建立起来的,较为稳定的教学活动结构框架和活动程序。作为"结构框架",意在凸显教学模式从宏观上把握教学活动整体及要素之间内部关系的功能。作为"活动程序",意在突出教学模式的有序性和可行性。教学模式通常包括理论依据、教学目标、操作程序、实现条件、教学评价五个因素,这五个因素之间有规律的联系就是教学模式的结构。

本课程教学设计主要采用以"学"为主的教学设计模式和"主导—主体"双主教学设计模式两类。几种常用的课堂教学模式如下。

(1)BOPPPS教学模式　该模式最初由ISW(加拿大教师技能培训工作坊)根据加拿大不列颠哥伦比亚省对教师的资格认证所创建。这是北美高校教师技能培训过程中比较推崇的一种教学过程模型。BOPPPS将教学过程划分为6个阶段:B-bridge in导言;O-objective(outcome)学习目标;P-pre-assignment前测;P-participatory learning参与式学习;P-post-assessment后测;S-summary总结。该模式能有效地提高学生的参与度,能有效地设计和讲授一门课程。在果树栽培学教学过程中往往以BOPPPS教学模式为主,结合其他模式完成教学。

(2)范例教学模式　该模式是德国教育心理学家M.瓦根舍因提出来的,主要用于原理和规律性的知识传授。范例教学主张选取蕴含本质因素、根本因素、基础因素的典型案例,是通过对范例的研究,使学生从个别到一般、从具体到抽象、从认识到实践,理解、掌握带有普遍性的规律、原理的模式。

（3）支架式教学模式　该模式强调通过教师的帮助（支架）将学习的任务逐渐由教师转移给学生自己,使学生能够独立学习。

（4）抛锚式教学模式　该模式是建立在建构主义学习理论下的一种重要的教学模式。所谓抛锚式教学,是要求教学建立在有感染力的真实事件或真实问题的基础上,通过学生间的互动、交流,凭借学生的主动学习、生成学习,亲身体验从识别目标、提出目标到达到目标的全过程。这类真实事例或问题就作为"锚",而建立和确定这些事件或问题就可形象地比喻为"抛锚"。

（5）探究式教学模式　该模式以问题解决为中心,注重学生的独立活动,着眼于对学生的思维能力、问题解决能力的培养。

（6）巴特勒的自主学习模式　20世纪70年代美国教育心理学家巴特勒提出了设置情境—激发动机—组织教学—应用新知—检测评价—巩固练习—拓展迁移"七段"自主学习模式。

（7）研究性学习教学模式　研究性学习,广义的理解泛指学生主动探究问题的学习,可以贯穿在各学科、各类学习活动中。在目前的实践中,主要是指学生在教师的指导下,从学习生活和社会生活中选择并确定研究专题,用类似科学研究的方式,主动地获取知识、应用知识、解决问题的活动。这个教学模式尤其适合大学生群体。

（8）基于问题的学习教学模式　问题解决是指个体在面对没有遇到过的问题而又没有现成的方法可以利用时,指向于将已知情境转化为目标情境的认知过程。基于问题的学习（problem based learning,PBL）教学模式是指依据教学内容和要求,由教师创设问题情境,以问题的发现、探究和解决来激发学生的求知欲和主体意识,培养学生的实践和创新能力的一种教学模式。其中,教师创设问题情境是教学设计的中心环节。在问题情境的引导下,学生收集素材、资料,深思酝酿,提出假设,引发争论,进行批判性思考和实验探究,得出结论,通过应用又产生新的问题,使学生思维不断发展、升华。

（9）基于项目的学习教学模式　在对基于项目的学习（project-based learning,PBL）进行定义之前,首先有必要对项目（project）有个大致的了解。项目就是以一套独特而相互联系的任务为前提,有效地利用资源,为实现一个特定的目标所做的努力;项目是创造特定产品和服务的一项有时限的任务。基于项目的学习教学模式的理论基础主要有建构主义学习理论、杜威的实用主义教育理论和布鲁纳的发现学习理论。该模式主要由内容、活动、情境、结果四大要素组成。这个教学模式也非常适合于高等教育教学。基于项目的学习教学模式的理论及其应用开始于美国。目前,基于项目的学习教学模式在国外应用得很多,是一种很受推崇的教学模式。

（10）案例教学法　案例教学法是一种以案例为基础的教学法,是通过一个具体教育情境的描述,引导学生对这些特殊情境进行讨论的一种教学方法。案例本质上是提出一种教育的两难情境,没有特定的解决之道,而教师于教学中扮演着设计者和激励者的角色,鼓励学生积极参与讨论。

7. 教学设计思路

在以学生为中心的教学理念下,课堂教学不再仅仅是传授知识,教学的一切活动都是着眼于学生的发展。在教学过程中如何促进学生的发展和培养学生的能力,是教学思路的一个基本着眼点。因此,教学应由教教材向用教材转变。以往教师关注的主要是"如何教"的问题,那么现今教师应关注的首先是"教什么"的问题。也就是需要明确教学的任务,进而提出教学目标,选择教学内容和制订教学策略。教学设计中对于目标的阐述,能够体现教师对课程目标和教学任务的理解,也是教师完成教学任务的归宿。教学设计思路,就是为了实现教学目标,完成教学任务所采用的方法、步骤、媒体和组织形式等教学措施构成的综合性方案。它是实施教学活动的基本依据,是教学设计的中心环节。其主要作用就是根据特定的教学条件和需要,制订向学生提供教学信息、引导其活动的最佳方式、方法和步骤。脉络要"准"是教学设计的"出发点",目标要"明"是教学设计的"方向",立意要"新"是教学设计的"灵魂",构思要"巧"是教学设计的"翅膀",方法要"活"是教学设计的"表现形式",练习要"精"是教学设计的"终结点"。课堂教学活动设计从微观上讲,是教师根据教学目标和学生的认知特点,引导学生有目的、有计划地掌握某章节的基本知识和基本技能,学习运用科学方法,培养创新精神并接受思想教育,全面实现课堂教学任务的过程。

8. 教学活动设计

1）基本内涵

教学活动是教学过程的途径,教学活动的主体是教师和学生,教学活动是教师有目的、有计划地根据教学目标、教学内容和学生的特征,对教学活动过程进行整体安排,构建特定的教学结构流程,最终形成教学设计方案的过程。

2）设计步骤

教学设计就是教师按照课堂教学和教学设计的要求,对每一节课的教学目标、教学内容、教学活动进行全面而系统的设计。教学设计是一个系统工程,包括课前、课中、课后过程。每个过程都承担着不同的使命和任务。教学活动的展开是为了最终实现教学目标而进行的,偏离教学目标的活动设计将会使教学走向偏路。设计时可以参照一些常用的教学过程设计模式,根据不同的学科性质灵活运用。比如杨梅玲的五环节教学过程设计:

①组织教学—复习提问—讲授新课—巩固练习—布置作业。

②诱导动机—感知教材—理解教材—巩固教材—运用知识。

③引起动机—展示内容—学习领悟—归纳总结—实践运用。

3）教学活动流程图设计

教学活动流程图是关于教学过程的流程图,是教师为完成教学任务,将教学双边活动的进程、内容、结构、层次用图形固定下来,以此开展教学活动。教学过程流程图是浓缩了的教学过程,它层次清楚、简明扼要,使读者一目了然。流程图是线性的动态过程,从中可以看出全部进程的时间、内容。教学活动流程图常见的有逻辑归纳型、逻辑演绎型、探究发现型、示范型、练习型、控制型等。

9. 学习评价

学习评价是教学活动中不可缺少的基本环节。果树栽培学课程学习评价以教学目标为导向,从学生学习评价的多维度和综合性出发设计评价。

1）评价内容

（1）知识与技能方面　对基础知识的评价:是否掌握最基本的果树栽培学知识;是否能运用这些基本知识发现问题,提出问题;是否具有独立探究新知识的能力;是否具有识别、筛选信息的能力等。对基本技能的评价:是否会根据果树生长发育规律制订果树生产计划;是否会解决生产中出现的问题;是否能够运用科学技术和科学管理方法进行果树生产创新,进行环境友好、资源节约、产品安全、高效的现代果树生产经营;是否能运用果树专业基本理论和基本技能,熟练从事果树产业及其相关领域科技推广和研究等。

(2)过程与方法方面 重点评价学生的观察能力、提出问题的能力、猜想与假设的能力、收集信息和处理信息的能力、合作与交流的能力等。

(3)情感态度与价值观 这是较为隐性的课程目标,只能通过一些可以观察的指标来间接地推断和度量。因此,应该通过观察、记录学生在学习过程中的表现、变化,来了解学生在情感态度与价值观等方面的现状和进步。

2)评价方法

学习评价方法很多,果树栽培学课程主要采用测试评价、课堂评价和具体技能的评价等方法。测试评价是日常教学中一种常见的评价方法,是评价学生的总体进步或知识和技能增长的一项通用策略。它可以通过章节测验和期中口试进行。测试题题型要更能有效发挥测试的诊断、调整、激励功能。题型包括客观型试题和主观型试题。客观型试题适合于考查学生对基本知识的识记、领会和简单应用能力,主要根据应答结果反映学生对教材知识的掌握情况,而不偏重于考查具体的思维过程。客观型试题的题量大、分值小,有利于提高试题覆盖面和考试信度。主观型试题适合于考查学生应用知识的能力,主要根据学生对试题的解答过程来反映对知识的掌握程度和思维过程。主观型试题在表述格式上虽然也有标准化的要求,但相对比较灵活,题量小、分值大,有利于提高考试效度。课堂评价是一种获得学生在某一课程中学习情况反馈的评价方法。这种方法包含许多具体的活动,如雨课堂随机出题、概念地图及临时性学生评价。后者是为及时改进教学方法而设计的。具体技能的评价是按照果树生产环节技能要求进行评价。如能根据当前产业发展需求提出主导品种配置方案,掌握主要果树的最佳定植时期,掌握主要树种的栽植方式,能针对果树生长特性、立地条件选择修剪方法等。

10. 思考题

针对章节内容,尽可能设计具有多层次思维跨度知识的思考题,能够有效强化所学的知识、技能,让学生在课后消化、理解所学的知识,从而提高他们获取信息的能力和综合应用专业知识的能力。

11. 教学反思

教学反思,是指教师对教育教学实践进行总结思考,进一步提高教育教学水平的过程。教学反思一直是教师提高个人业务水平的一种有效手段,教育上有成就的学者一直非常重视教学反思。教师教学反思的过程,是教师不断探讨与解决教学目的、教学工具和教学过程等方面问题,不断提升教学实践的合理性,不断提高教学能力,促进教师专业化的过程;也是教师直接探究和解决教学中的实际问题,不断追求教学实践合理性,全面发展的过程。

现在很多教师会从自己的教育实践中反观自己的得失,通过教育案例、教育故事或教育心得等来提高教学反思的质量。教学反思包括课前反思、课中反思、课后反思。本课程采用课后反思,围绕教学内容、教学过程、教学策略进行反思。教学内容方面分析教学目标的适用性,教学目标实现所采取的教学策略是否正确恰当;教学过程方面回忆教学是怎样进行的,是否达到预期的教学效果,是否符合教与学的基本规律,学生是否达到了预定目标;教学策略方面是对自己的教学活动与教学理论、行为结果进行比较,验证教学各环节。"产出导向法"在教学理念上强调以学生为中心,注重从课程设计多个环节改进课堂建设,应注重师生共建,增强学生的自我认同感和学习能动性;通过线上线下混合式教学,实现学用一体、教研互促、教学相长。在此背景下,要求教师有意识地以实际教学效果为依托,梳理、判断自身教学实践过程中理念把握的准确性、教学行为的得当性、教学任务安排的合理性、教学方法与策略运用的适当性,并有针对性地思考和形成下一轮教学实践中应当优化与改善的关键点。教学反思是促进教师自身教学能力与素质提高的催化剂,是连接教学实践与教学理论的桥梁。教师通过教学反思真正落实立德树人根本任务。

第一章　果树栽培及果树资源分类教学设计

　　我国幅员辽阔,果树种类丰富。本章主要对果树栽培学的内涵、果树栽培特点、我国果树资源、果树分类与分布、我国果树带划分进行介绍。重点讨论果树栽培学内涵和果树栽培特点、我国果树资源种类、分类方法,这些分类方法的本质特点和规律,果树带划分的原理,果树生产上如何运用果树分类方法等。教学安排 2 学时,采用以学生为中心的支架式教学模式。课前学生通过雨课堂等在线学习平台,在教师提供的问题、实验支架帮助下,利用必要的学习资料,进入情境、独立探索,通过意义建构方式获得知识,学会从植物形态来识别主要果树的特征、从地上部植物学特征来识别主要果树的品种,培养认识树种和主要品种的能力;知道各类果实的解剖构造及可食部分与花器各部分发育的关系。课堂上学生、师生合作学习,共同解决问题。课后通过测试、作业进一步拓展巩固。

　　1. 教材分析

　　本节课内容选自《果树栽培学总论》(后称《总论》)中绪论和第一章我国果树种类及地理分布。教材内容共四节:果树栽培学的内涵和果树栽培学特点、我国果树资源、果树分类与分布、我国果树带划分。该部分内容是果树栽培学的最基本知识。我国是世界上原产果树最多的国家,是世界上最大的果树原产中心,因此在果树生产和科学研究工作中,要能理解果树栽培学的内涵和果树栽培特点,熟记果树资源种类和 8 个果树自然分布带,灵活运用果树植物学、园艺学分类方法进行分类。植物学分类部分内容在先修课程植物学中已有涉及,在进行实际授课时,教师可根据实际情况简单回顾或直接省略此部分内容。在教学中仅强调常见果树植物学分类拉丁名书写的规范,加强对果树分类方法和果树带划分意义的领会。

　　果树栽培学以果树种类为根本,建立果树各种分类方法;探讨不同种类及不同分布的果树规律特征;运用各种果树的生物学特性或生态适应性因地制宜地选择栽培树种和品种发展果树生产。为讲好本章教材的内容,教师要依据教材内容引导学生理解果树栽培学的内涵和果树栽培特点,熟记我国果树资源,学习各种园艺学分类方法,并深入探讨这些分类方法的本质特点和规律,分析植物分类学的原理——达尔文的进化论、共同祖先理论及果树类群分布的自然环境成因,将分类应用于解决果树生产的实际问题。

　　2. 教学内容分析

　　本章内容包括果树栽培学的内涵和果树栽培学特点、我国果树种类及分布、果树植物学、园艺学分类方法、我国果树带区划知识点。其中,果树栽培学的内涵和特点、植物学分类、园艺学分类方法、果树带属于具体知识的术语知识;分类方法知识属于抽象知识中的处理各类事务的方法性知识。这些知识在园艺学科领域是非常有用的知识。

　　对果树栽培学的内涵和果树栽培学特点的理解有利于学生如何系统地学习果树栽培的基

本理论知识,掌握果树栽培的基本专业技能,立志成为适应果树产业发展需要的专业技术人才,助力乡村振兴。果树根据植物分类学的科、属、种的排列,在果树资源开发利用、砧木和授粉树的选择、病虫害防治以及品种改良等方面有很重要的参考价值。但作为栽培作物,果树除了按植物系统进行分类外,还有按园艺学上实用的人为分类,这些分类有时往往不像植物系统分类那样严谨,却各有其栽培和科研方面的应用价值。因此,教学重点为理解果树栽培学的内涵和果树栽培学特点,熟记果树资源种类、8个自然分布带,能灵活运用果树植物学、园艺学分类方法。难点是能按照不同分类方法识别果树树种与品种,运用果树分类方法解决生产问题。为了实现这一目标,需把所需要的知识归纳成若干方面,并通过实验验证理解,加强学生对树种品种的识别。另外,通过本章果树分类学习研究,进一步分析果树生态适应性分类和果树带划分的环境成因原理,可为果树区划、引种、育种和果树栽培提供科学依据,具有重要的理论和实践意义;也将为学生进一步学习果树栽培基本知识和基本技术打下坚实基础。本章知识框架参见图1-1。

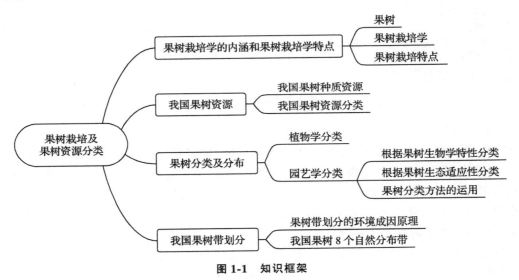

图1-1 知识框架

3. 教学目标分析

(1)知识目标 能解释果树、果树栽培学的内涵和特点、我国主要果树资源;能够按植物学、园艺学分类方法对果树进行分类;能叙述出植物学和园艺学分类的标准;能说出我国果树带的划分及划分标准。

(2)能力目标 能运用植物学、园艺学分类方法辨别不同树种、品种;能够按照果树各自属性对它们加以分类;能够通过果树带划分找出制定果树发展规划及果树引种育种的理论依据。

(3)素养目标 培养学生自主发展、学会学习、独立思考,能有效管理自己的学习和生活的能力。

(4)思政目标 通过了解我国果树资源和地理分布,知道我国是世界最大的果树原产中心,坚定文化自信,构建热爱、赞美祖国的情感和态度。通过支架式教学模式,学生团队合作学习,培养学生的合作意识和实践能力,逐步养成自主合作探究知识的好习惯,发展素质教育,落实立德树人根本任务。

思政目标实施过程:本章思政融入的教学方法为查和做,即通过课后思政作业,通过查阅资料、阅读资料,了解我国果树栽培历史及对世界果树事业的贡献,培养学生的文化自信;通过课前分组实验培养学生的团队协作能力,增强合作意识。

基于布鲁姆认知领域六层次学习目标分析参见图1-2。

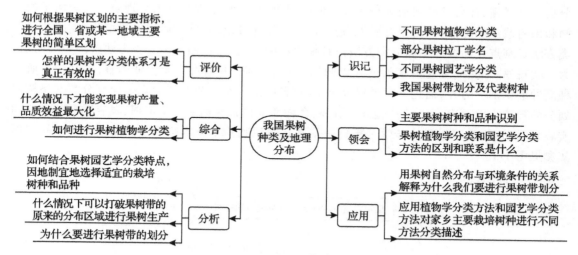

图1-2　学习目标分析

4. 学情分析

(1)知识方面　从本章开始,学生开始接触果树、果树栽培等概念及果树栽培学这门课程。果品是人们日常生活的必需品,刚开始此课程学习,学生好奇心强,学习兴趣也比较浓厚;同时,授课对象是大学二年级以上的学生,通过前期植物学、生物化学、普通遗传学、植物生理学、土壤肥料学等课程的学习,他们已掌握了果树的一些生长发育特性及植物学分类的相关知识,给本章内容的学习打下了一定基础。

(2)能力方面　本科二年级以上的学生初步具备了归纳分析问题、自主探究的能力。大学生的依赖性减弱,自觉性增强,已会利用信息化平台搜集信息和知识,接受新生事物的能力也强。为此,在现有知识基础上,本章采用支架式教学模式。课前学生自己构建知识体系,自己实践;课中师生共同对果树栽培及果树分类应用进一步分析评价,一方面提升学生自我学习的能力,另一方面也锻炼了他们解决果树生产中存在的实际问题的能力,从而使每一个学生都找到存在感和自豪感。

5. 重点、难点分析

(1)教学重点　理解果树、果树栽培学的内涵和果树栽培特点;熟悉果树各种分类方法;学会果树树种、品种及果实的识别;根据果树区划指标,进行主要果树的简单区划。

(2)教学难点　应用不同分类方法识别果树树种品种;运用果树分类方法解决生产问题,例如如何利用果树分类方法因地制宜地选择树种和品种;理解果树带划分是制定果树发展规划及果树引种育种的理论依据。

6. 教学模式

采用以学生学为中心的教学过程,选择支架式教学模式。该模式基于建构主义理论和维果茨基的最近发展区理论,步骤如下:搭脚手架→ 进入支架→ 独立探索→合作学习→评价效果。教师通过支架将学习的任务逐渐转移给学生,最后撤去支架,使学生达到独立学习的目的。

7. 教学设计思路

采用支架式教学模式,通过如雨课堂等教学信息平台,依托教师的帮助,将学习任务课前发给学生,达到学生独立学习的目的。本章设计的支架为问题和实验。教学过程设计程序如下。

(1)搭建脚手架　围绕认识果树及果树栽培学、果树种类及地理分布这一主题,按"最近发展区"的要求建立概念框架,提出问题:果树及果树栽培学的内涵是什么? 果树分类方法的本质特点和规律是什么样的? 为什么要进行果树带的划分?

(2)独立探索　课程主要目的是让学生了解我国果树种类及不同分类的条件,搭建实验支架,学生围绕主要果树树种的识别、主要果树品种的识别、果实分类与构造观察学习,利用校园及实习基地条件,自己动手做实验,进行独立调查,从植物形态上识别主要果树的特征,能区别主要果树的品种,并能初步掌握它们的主要特征特性,为初学果树栽培学奠定基础。

(3)进入情境　脚手架搭建成功后,教师创设情境,展示课件(生活中不同的果树树种,不同地区的主要果树),让学生总结它们的共同特征。

(4)合作学习　第一步,确定每组组织者,然后将所要讨论的议题发给各组组织者。第二步,围绕议题,先由各小组展开讨论,然后老师和学生再一起集体讨论。

(5)效果评价　课后的拓展应用即达到对学习效果评价的作用,达到预计学习目的的同学就可以有符合要求的教学成果展示。本节课教学整体设计思路见图1-3。

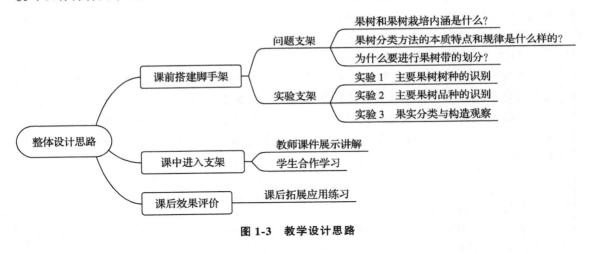

图1-3　教学设计思路

8. 教学活动设计

课　前　准　备
以教学设计为基础,应用搭建好的学习平台,将线上线下教学充分融合,从充分调动学生的积极性与学习兴趣入手,结合课前、课中、课后三个阶段,构建基于问题、实验法的翻转课堂。 　　**1. 课前学生自主学习** 　　(1)课前教法 　　课前准备阶段主要分为两个步骤:首先,教师将学习资料整理上传至学习平台;其次,

学生课前自主学习及完成课前任务,师生进行课前学习交流,具体步骤如下。

第一步:设计问题任务,编写学案,同时安排三个实验,提供学习资源。

第二步:固定时间在微信群或雨课堂进行课前答疑,收集学生自学过程中普遍遇到的问题,督促学生自学课前知识,有目标地完成任务,同时设计课前问题和实验测验题,检查课前学习效果。

(2)课前学法

学生通过智能手机或电脑自行安排时间浏览和学习,有目标地完成问题任务;分组完成三个实验;并完成课前测试题上传学习平台或微信群。

(3)评价方式

问题检测、实验报告、线上测试、作业。

(4)课前学案

【问题支架】

(1)认识果树及果树栽培学。

细化知识点问题:①什么是果树? ②什么是果树栽培学? ③果树栽培学的特点是什么? ④果树栽培学的核心内容是什么? ⑤果树栽培与其他作物栽培的区别和联系是什么? ⑦为什么要进行果树栽培? ⑥如果要作为一名合格的果树生产管理者,你将会怎样去做? ⑧与国外相比,我国果树栽培中存在的问题有哪些?

(2)果树分类方法的本质特点和规律有哪些?

(3)为什么要进行果树带的划分?

细化知识点问题:①我国现有的果树种类有多少? ②按植物学分类法果树如何分类? 其分类原理是什么? ③为什么还要对果树进行园艺学分类? ④园艺学分类方法有哪些? 如何能因地制宜地选择树种和品种? ⑤什么情况下可以打破果树带原来的分布区域进行果树生产? ⑥果树带划分的自然条件有哪些? 如何理解果树带划分的环境成因原理?

【实践理解】

实验1 主要果树树种的识别

学习方法:选择果树植株。选择植株依实验地的具体条件而定,挂牌,注明科、属、种名称;实验地树种少的情况下,可以查阅资料,从园艺学分类类别、植物形态识别主要果树的特征,从新梢、叶、花、花序、果实列表比较苹果、梨、桃、杏、李、扁桃、枣、核桃、草莓、葡萄、山楂、石榴、无花果、柠檬、橙子、柑橘、荔枝等主要果树。

评价方式:课中前完成纸质实验报告提交。

实验2 主要果树品种的识别

学习方法:观察实验地果树(如苹果、梨、桃、葡萄、枣)地上部植物学特征和生物学特性,识别主要果树的品种或品种群,要求通过观察、调查,能区别主要果树的品种,并能初步掌握它们的主要特征特性,并完成作业。

评价方式:作业(学期末提交纸质作业)

（1）填写苹果、梨、桃、葡萄的主要品种调查记载表。（2）从哪几方面的特征最易识别当地主要品种，并说明它们的主要特征。（3）根据所观察、了解的苹果品种写一检索表。（4）从树形、叶片、果实方面，如何区别梨的不同种类。（5）根据所观察、了解的梨品种写一检索表。（6）从树形和芽的着生情况及果形方面，如何区别南方桃和北方桃。（7）根据观察的桃品种写一检索表。（8）从哪几方面特征，最易识别东方品种群、西欧品种群和欧美杂交种葡萄。（9）根据所观察、了解的葡萄品种写一检索表。

实验3　果实分类与构造观察

学习方法：购买苹果（或梨）、桃（或杏）、葡萄、核桃、枣、草莓等果实，将各类果实用水果刀切成纵剖面和横剖面，观察果实内各部的构造。

评价方式：课中前完成纸质实验报告提交。

【自我检测】

选择题：

（1）桃在植物学上隶属于（　　　　）。

A. 葡萄科桃属　　　B. 蔷薇科桃属　　　C. 豆科桃属　　　D. 菊科桃属

（2）柑橘在植物学上隶属于（　　　　）。

A. 漆树科　　　B. 蔷薇科　　　C. 豆科　　　D. 芸香科

（3）枣在植物学上隶属于（　　　　）。

A. 桃金娘科　　　B. 蔷薇科　　　C. 鼠李科　　　D. 无患子科

（4）菠萝在植物学上隶属于（　　　　）。

A. 棕榈科　　　B. 凤梨科　　　C. 梧桐科　　　D. 茄科

（5）苹果在植物学上隶属于（　　　　）。

A. 鼠李科　　　B. 蔷薇科　　　C. 梧桐科　　　D. 桑科

（6）葡萄在植物学上隶属于（　　　　）。

A. 葡萄科　　　B. 蔷薇科　　　C. 梧桐科　　　D. 茄科

（7）适于在长江流域经济栽培的梨，主要是（　　　　）。

A. 秋子梨　　　B. 白梨　　　C. 砂梨　　　D. 西洋梨

（8）葡萄的茎属于（　　　　）。

A. 攀缘茎　　　B. 匍匐茎　　　C. 半直立茎　　　D. 缠绕茎

（9）一年中下列果树的开花期最早的是（　　　　）。

A. 桃　　　B. 苹果　　　C. 柑橘　　　D. 樱桃

（10）桃树对光照的要求（　　　　）。

A. 弱　　　B. 中等　　　C. 强　　　D. 很强

（11）柑橘属于下面列出的哪种生态特性的果树？（　　　　）

A. 落叶果树　　　B. 常绿果树　　　C. 藤本果树　　　D. 草本果树

（12）葡萄属于下面列出的哪种形态特性的果树？（　　　　）

A. 乔本果树　　　B. 灌木果树　　　C. 藤本果树　　　D. 草本果树

判断题:

(1)枇杷、猕猴桃、草莓、桃、李都属于蔷薇科果树。(　　　)

(2)一般来说柑橘都比苹果耐寒。(　　　)

(3)猕猴桃属于浆果类假果。(　　　)

(4)目前生产上主栽的苹果是我国原产的果树种类。(　　　)

(5)板栗是我国原产的果树种类。(　　　)

(6)猕猴桃、银杏、杨梅都是雌雄异株的果树。(　　　)

(7)银杏是裸子植物。(　　　)

(8)枇杷属于木本常绿果树。(　　　)

(9)猕猴桃属于浆果类果树。(　　　)

(10)柠檬属于柑橘类果树。(　　　)

(11)枣属于核果类果树。(　　　)

(12)柑橘是我国北方的主栽果树种类。(　　　)

(13)葡萄属于草本落叶果树。(　　　)

(14)樱桃属于仁果类果树。(　　　)

简答题:

(1)写出苹果属、樱桃属、葡萄属、柑橘属、桃属、枣属学名。

(2)我国果树带是如何划分的?

课 堂 教 学

2. 课中解决问题和合作学习

【课前内容检查 15 min】

(1)根据课前学习,抽查课前支架问题;(2)结合生活提出问题:同学们家乡的优势果树树种有哪些? 我国果树资源有哪些? 果树如何分类? 果树带如何划分? 根据学生回答总结归纳。

【解决学生难题 15 min】

(1)教师根据学生完成任务单以及课前学习的整体情况,让学生说出或写出自己课前学习时遇到的问题。(2)教师针对大部分学生遇到的重难点问题,提出探究活动,比如,为什么说果树栽培学是一门应用技术科学? 为什么我国果树栽培的现状制约着果树产业的发展? 用果树自然分布与环境条件的关系解释为什么我们要进行果树带划分? (3)针对学生依然无法解决的问题,教师继续进行讲解,帮助学生继续解决问题。例如:果树带划分的原理是什么? 从下面 3 个方面讲解。

划分果树带的作用:①反映果树自然分布与环境条件的关系;②可以作为制订果树发展规划、建立果树生产基地、制订果树增产措施以及果树引种育种的理论依据。

打破果树带原来的分布区域进行果树生产的技术:①通过人工改变遗传特性培育新品种;②改进栽培技术(例如防寒栽培);③利用有利的非气候条件或刻意创造优良的生态环境(设施栽培)等。

果树带划分的温度条件:年平均气温、1 月平均气温、7 月平均气温、绝对最低气温、无霜期、积温等。

【创设情境、学生总结提高 15 min】

教师创设情境,展示课件(生活中不同的果树树种,不同地区的主要果树),让学生总结它们共同的特征。

【合作学习、学生课中研讨学习 45 min】

按照头脑风暴法的操作程序完成课中研讨学习。

第一阶段:确定每组组织者,然后确定所要讨论的议题发给各组组织者。

确定议题:①为什么要进行果树带的划分?②什么情况下可以打破果树带原来的分布区域进行果树生产?③如何结合果树园艺学分类特点,因地制宜地选择树种和品种?④如何根据果树区划的主要指标,进行全国、省市或某一地域主要果树的简单区划。

第二阶段:引发和创造创新思维阶段。参与各小组讨论,讨论时教师对每个小组的情况进行了解和个别指导,及时关注学生讨论的思路是否正确。

第三阶段:整理阶段。组织每个组汇报,其他组质疑,集思广益,记录归纳议题结论,并汇报。

(4)评价方式

课堂交流互动表现、议题结论完成情况。

课 后 任 务

3. 课后学生巩固学习

(1)课后教法

课后阶段主要分为知识巩固和反馈两个部分。教师通过微信群和平台进行师生之间的课后交流,收集学生课上不明白的知识点和课后作业中的疑惑点,对学生进行有针对性的分类指导或"一对一"指导;课后学生修改完善课后测试题,提交成果,教师批阅评价并反馈。

(2)课后学法

学生完成作业,并线上针对疑惑点和老师讨论;查阅资料,完成思政作业。

(3)评价方式

测试题成绩、思政作业成绩。

(4)课后学案

【自我检测作业】
1. 解释概念:果树、果树栽培学、果树带。 2. 举出 4 种以上的热带果树、亚热带果树、温带果树,并说明其果实属于哪种果实类型。 3. 写出常见果树种类(苹果、梨、桃、葡萄、草莓、香蕉、枣、菠萝、猕猴桃、柿、柑橘、枇杷、核桃)英文名字及学名。
【思政作业】
查找栽培果树起源及《诗经》《史记》《山海经》《齐民要术》《农政全书》等古农书著作中果树栽培科技成果记载。

板书设计见图 1-4。

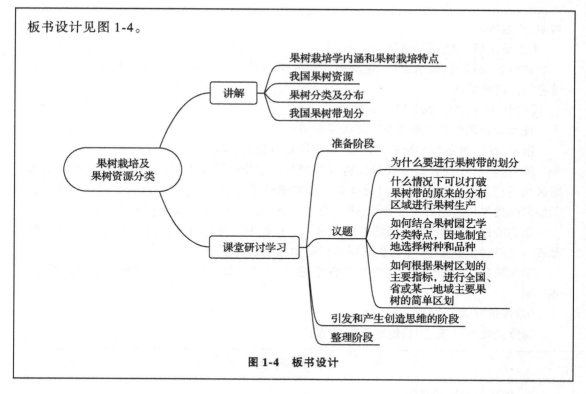

图 1-4　板书设计

9. 学习评价

课前通过问题检测、实验报告、线上测试、作业评价,课后通过测试题成绩、思政作业成绩评价。

10. 思考题

(1)我国果树资源丰富,设计一个资源筛选利用方案,选择几种既适合当地栽培又有较高经济效益的树种。

(2)试分析果树植物学分类方法与园艺学分类方法有何不同,为什么?

(3)评价果树分类的目的、内容和方法对发掘、保存、研究和利用我国果树种质资源的作用。

(4)分析当地果树资源位于哪个或哪几个果树带? 并按照植物学分类方法与园艺学分类方法进行分类。

(5)果树园艺学分类方法是如何运用的?

11. 教学反思

教学过程中运用了问题支架和实验支架,问题支架和实验支架自我检测题为学生自学教材内容提供了支撑。实验支架虽然弥补了实验学时不足的问题,但学生如果植物学基础差,课前实验效果就达不到预期目的。为了促进教学目标的实现,课前实验支架应录制微课,这样有利于达到课前学生自己构建知识体系,自己实践的目的;同时可以安排课程团队教师每人负责一个组指导,带动青年教师参与教学改革,不断创新教学方法,牢记责任与担当,与时俱进,在时代大潮中成就自己的美好人生。

第二章　果树生命周期和年生长周期教学设计

果树等多年生木本植物的个体发育周期较长。果树生命周期是个体在发育过程中,经历萌芽、生长、结实、衰老、死亡的过程。本章分两节内容:果树的生命周期、果树的年生长周期,内容依次包括果树生命周期和年生长周期的相关概念、果树个体生命周期和年生长周期发育规律探讨、果树个体发育过程中阶段转变机理揭示、运用个体发育规律知识进行果树生长发育调控。其中,果树生命周期和年生长周期的相关概念是基础,旨在揭示果树个体发育的实质,并为研究其发育规律提供依据。生命周期和年生长周期发育规律探讨是核心,使果树生命周期和年生长周期得以直接应用。第一节果树的生命周期,教学时数为 2 学时,采用基于问题的探究发现型教学过程来设计教学活动,线上自学,课堂针对线上内容测验讨论。第二节果树的年生长周期,教学安排 2 学时,采用抛锚式教学模式,按照布鲁姆认知领域的教育目标,分 6 个层次,形成由简到繁的梯度问题。教师通过提问来引导学生学习。

一、果树生命周期教学设计

1. 教材分析

本节课内容选自《总论》第二章第一节果树的生命周期。本章内容属于果树栽培学基础知识与基本理论部分。学生通过本节课的学习,了解果树生命周期是果树最基本和最重要的发育过程,掌握不同果树生命过程的生长发育规律;能够应用果树学生物学基础原理解释果树各个年龄时期生长发育过程的机理,也为教材后面章节所采取的一切栽培技术措施要适应各时期的生长发育特点提供理论解释。教师在教学中要加强对其内涵和外延的揭示与领会。生命周期调控则属于栽培技术,在教学中要强调教材前后内容即基本理论和基本技术融合学习,教师要善于运用已有知识,并鼓励学生自学发掘果树生命周期的前沿知识。

2. 教学内容分析

果树在个体发育过程中,经历萌芽、生长、结实、衰老、死亡,也就是果树从生到死的生长发育全过程。本节内容属于基础理论部分,学生对果树栽培原理知识的学习从这节课开始。本节知识按具体知识属于术语知识和过程性知识,果树生命周期、童期、童性、童程、成年期、衰老期、阶段转变等属于术语知识,是果树学领域的基本语言。果树生命周期划分及特点等知识属于过程性知识,是描述果树一生中发生、发展过程的知识。按抽象知识分类,本节内容属于概括性知识,包括果树学相关概念、规律、原理,解释果树生命周期中果树运动、发展、变化的内在联系。认识和掌握果树生命周期规律便于指导生产实践。第一部分内容果树生命周期意义和后面的实生果树生命周期及其调控、营养繁殖果树生命周期及其调控知识点之间属于总括关系,后两者之间属于并列关系,两者之间具有某些共同的属性。

果树生命周期相关概念、实生繁殖和营养繁殖果树生命周期特点及调控措施是本节学习的重点。要求系统地了解决定和影响果树早产的因素等理论知识,能够应用果树学生物学基础原理和生态学基础原理解释果树生长发育过程变化的机理,依据不同生命周期的特点,制订不同的栽培技术方案,达到生产目标。本节内容与后面花芽分化内容有着密切的联系。

要求学生系统地学习果树生命周期概念、意义及幼树期向成年期阶段转变的机理,除了教材系统知识外,还要查阅文献,了解当前果树生命周期、童期和阶段转变科学研究的进展与技术。同时系统学习实生树和营养繁殖树生命周期各阶段调控的技能,将基本理论和基本技术融合学习,注意课程各章节之间的联系,培养学生透过现象,揭示事物本质的能力。关于果树成花机理至今仍是研究热点,掌握童期的研究进展对于调控童期具有重要的理论指导意义。教学过程中,教师可以设计相应的问题情境,如生活和生产真实的情境,适当引导学生,帮助他们掌握一些基本知识、基本理论,培养解决生产上问题的思路,从而从知识的学习提高到问题解决的能力上。通过本节内容学习,学生将为进一步学习花芽分化,调控果树实现果树生产早果、稳产、优质、高产、高效、安全目标打下坚实基础。本节内容知识框架参见图2-1。

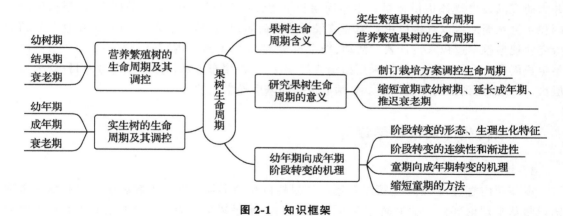

图2-1　知识框架

3. 教学目标分析

(1)知识目标　能够熟记果树生命周期、童期、阶段转变的基本概念;能够解释果树幼树期不能开花结果的原因;能够准确复述不同繁殖来源果树生命周期发育阶段如何划分及各阶段的特点;能够说明果树幼树期向成年期转变的原理。

(2)能力目标　通过认识—探索—解读—评价的一般过程,使学生了解科学探究的基本方法。通过问题探究体验探究性学习的过程,了解问题探究的基本方法,进一步形成交流、反思的学习习惯;通过线上自学,提高学习的主动性和有效性。

(3)素养目标　激发学生的学习兴趣,培养其空间想象能力、事物洞察能力和推断思维能力。

(4)思政目标　在教学过程中不断挖掘拓宽教材内容,增加学生学习果树栽培的兴趣,培养学生"懂农业、爱农村、爱农民"的价值观,强化服务乡村振兴的使命与担当。

思政目标实施过程:在讲理论之前,通过引入"感动中国2019年度人物——黄文秀的故事",引导学生分析果树什么时候才能收获果实等知识,在分析过程中继而鼓励学生探索果树生长发育规律,鼓励学生将所学知识和专业技术主动应用于农业生产,从而帮助提高农民收入,推动乡村产业经济发展。

学习目标参见图 2-2。

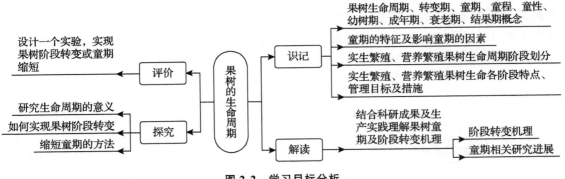

图 2-2　学习目标分析

4. 学情分析

（1）知识方面　通过前面知识的学习,学生已经熟悉了果树树种和品种的分类和识别,了解了果树一生中的变化过程,另外也有生活常识,所以学生对生命周期概念理解不存在问题。但对不同生命阶段本质下的特点和形成机理,还需要深入探索和学习。栽培技术将在后面章节讲述。生命周期调控所需要的栽培技术,如土肥水管理,学生在低年级学过的土壤学基础上好理解,生长调节剂调控在植物生理学课程基础上也容易理解,但对整形修剪技术的理解可能就有些困难。

（2）能力方面　通过第一章学习,学生逐渐适应了以学生为主体、以任课教师为主导的教学模式,慢慢改变了被动接受知识的局面。学生自主学习动力逐渐增强,具有了独立思考问题和团队协作及沟通的能力。

5. 重点、难点分析

（1）教学重点　果树生命周期划分及其调控措施、阶段转变及其机理、童期及其研究进展。

（2）教学难点　理解童期相关概念、阶段转变机理、果树成花机理。

6. 教学模式

本章内容采用基于问题的学习(PBL)教学模式。具体操作分为课前、课中和课后三大环节。

课前创设情境,导入问题:教师提前在网络平台发布相关课程资料,包括微课视频、科研资料及案例等,激发学生学习兴趣。随后教师发布课前学习任务,要求学生自行学习,并给出解答。教师可以随时在网络平台与学生互动并解答学生的疑惑。

课中课堂讨论,分组汇报:在课堂上,任课教师首先对学生进行分组,然后针对课前发布的问题,指引学生进行小组讨论,并且强调讨论内容围绕着所发布问题展开,讨论完成后每个小组选派一名代表汇报。针对学生的汇报,任课教师可进行纠错及知识点的着重强调,并循序渐进地提出更深层次的问题,充分挖掘学生潜能,实现授课目标。

课后评价总结,教后反思:课堂分组讨论结束后,任课教师需要对学生的讨论情况进行评价总结。评价内容主要包括学生收集资料能力、查阅文献能力、归纳总结能力、沟通协调能力及语言表达能力,并将评价结果上传线上平台。从不同角度对讨论情况进行评价,有利于学生更深刻地认识自己,做到扬长避短。

7. 教学设计思路

本节围绕"果树一生中是如何变化的?如何实现果树早结果?"展开学习讨论,运用 PBL 教学模式,以学生为主体,充分调动学生的好奇心和求知欲,促使学生认知问题、分析问题、理解问题、解决问题,促进思维发展,巩固学习成果。在教学过程中不断挖掘、拓宽教材内容,提高学生学习果树栽培的兴趣,为后续章节的学习奠定基础。

具体设计思路参见图 2-3。

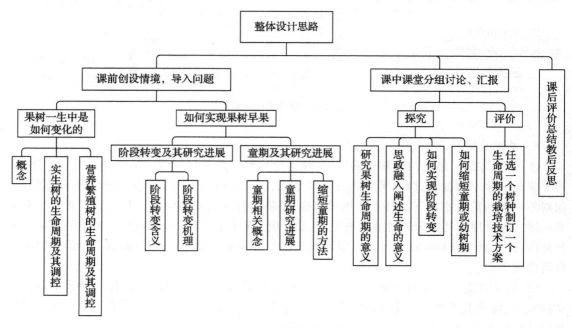

图 2-3　教学设计思路

8. 教学活动设计

课 前 准 备

课前创设情境,导入问题

　　(1)课前教法

　　课前准备阶段主要分为两个步骤:首先,教师提前在网络平台发布相关课程资料,如微课、视频、科研、案例资料等,激发学生学习兴趣。随后教师发布围绕"果树一生中是如何变化的?""如何实现果树早果?"两个主题的一系列问题,要求学生自行查阅这些问题,并给出解答。任课教师可以随时在网络平台与学生互动并解答学生的疑惑。

　　(2)课前学法

　　学生通过智能手机或电脑自行安排时间浏览和学习,并解答问题,有疑惑可以和教师线上沟通。

（3）评价方式

问题解答、作业。

（4）课前学案

创设情境：展示果树生命周期图片。

导入问题：果树一生中是如何变化的？如何实现果树早果？

任务一：果树一生中是如何变化的？

问题：①什么是果树的生命周期？②果树生命周期的类型有几种？③实生繁殖果树的生命周期和营养繁殖果树生命周期在生产上各如何划分？④什么是阶段转变？⑤什么是实生树的幼年期（童期）、成年期、衰老期？⑥什么是营养繁殖树的幼树期、结果期？结果期又划分为哪三个阶段？分别如何划分？⑦实生果树和营养繁殖树的生命周期的区别是什么？⑧营养繁殖树幼树期特点、管理目标及措施是什么？⑨结果期、衰老期的特点、管理目标及措施有哪些？

任务二：如何实现果树早结果？

问题：①什么是童期？什么是童程？什么是童性？童期的特征有哪些？②实生果树在空间概念上划分为童区、转变区和成年区，童区和成年区对于苗木繁殖取接穗和插穗有什么指导作用？③不同学者对于童期的定义不同：童期是实生苗不能诱导开花的时期；童期是指从种子发芽到实生苗第一次开花经历的时期；童期是在正常自然条件下不能稳定持续开花的时期。谈谈你对童期的理解。④通常以开花作为童期结束的标志是否科学？⑤生产上能不能缩短童期和转变期？缩短童期的任务是什么？你有哪些好的栽培技术措施？⑥阅读童期研究期刊论文《果树童期的研究进展和研究方法有哪些?》⑦仅从缩短童期的目的谈谈为什么生产上多用营养繁殖方法？⑧应用不同生命周期的特点，对校园的果树进行观察并分析，要求能区别在树体结构和枝芽特性各方面相互的关联程度。⑨营养繁殖果树进行繁殖时均从已结实的树上采集繁殖材料，这些材料已度过童期进入成年阶段，所以生产上营养繁殖树成活以后就能开花结果。请问实际生产中是这样吗？⑩分析果树栽植后结果的早晚，与性成熟过程和营养生长与生殖生长的协调关系。

课 堂 教 学

教学环节	教师活动	学生活动	设计意图
课堂测验及难点知识讲解（45 min）	【回顾知识，创设情境】通过前面两章学习，我们了解到我国幅员辽阔，果树种类丰富，果品产业已经成为我国农业产业结构调整的主导产业之一。2020-05-18 17:50，央视一套播出《感动中国 2019 年度人物——黄文秀》（新闻频道 _ 央视网）。黄文秀北京师范大学硕士毕业后回乡工作，2018 年担任广西百色乐业县百坭村的驻村第一书记。2019 年 6 月 17 日凌晨，黄文秀从百色返回乐业途中遭遇山洪，因公殉职，年仅 30 岁。在担任第一书记期间，为帮助村民甩掉穷帽子，黄文秀找来农	认真听课，积极讨论回答老师问题	通过故事给出题目，在分析过程中继而鼓励学生探索果树生长发育规律，鼓励学生将所学知识和专业技术主动应用于农业生产从而提高农民收入，推动

续表

教学环节	教师活动	学生活动	设计意图
课堂测验及难点知识讲解（45 min）	业技术员传授技术,带领百坭村村民种植沙糖橘,培养致富带头人,使百坭村 103 户贫困户中 88 户 418 人成功脱贫。果树能让荒山变绿,能让农民致富。通过这个故事给出分析题目:沙糖橘栽植后几年开始结果?果树开始开花结果到底要具备哪些条件?生产上是如何诱导其开花结果的?实生繁殖和营养繁殖果树生命周期各阶段特点及调控措施又是什么?讨论分析（15 min）。 【难点讲解 30 min】 1. 童期的特点及影响童期的因子 （1）童期的特点（2）影响童期的因子 2. 阶段转变机理及其正向、逆向调控 知识拓展:如何理解"果树等植物的个体发育过程中,实生树表现童性,不具备成花能力的发育阶段称为童期;实生树虽然具备了成花能力,但在自然条件下不能成花,接受某种诱导后可以成花,而且之后即使不再实施这种诱导也能连续成花的发育阶段称为成年营养生长期,国内有时译作转变期;而实生树在自然条件下可以连续开花结果的阶段称为生殖生长期。"阶段转变的机制研究现状如何? （1）阶段转变机理（2）阶段转变正向和逆向调控 3. 实生树的生命周期及其调控 （1）幼年期（2）成年期（3）衰老期 4. 营养繁殖树的生命周期及其调控 （1）幼树期（2）结果期（3）衰老期		乡村产业经济发展。培养学生"懂农业、爱农村、爱农民"价值观,强化服务乡村振兴的使命与担当,实现人生价值
课堂分组讨论汇报（45 min）	任务三:分组讨论探究（15 min） 【教师发布任务:提出问题】 教师给每个组发探究议题和评价议题,安排小组讨论,讨论时教师对每个小组的情况进行了解和个别指导,及时关注学生讨论的思路。 【提出问题】 研究实生树童性、童期和阶段转变的表现、生理机制、分子机制及调控技术等,努力将果树实生树从播种到连续开花结果所需的时间缩到最短是提高果树育种效率很重要的途径,结合当前研究现状分析以下问题: ①研究果树生命周期的意义?②童期结束的标志是什么? ③如何实现阶段转变?④如何缩短童期或幼树期?	学生分组在组长指导下分析问题、探究问题、交流问题,梳理结果,并汇报	通过讨论交流,通过学生不同观点的交锋补充修正,加深每个同学对当前问题和本节主要内容的理解

续表

教学环节	教师活动	学生活动	设计意图
课堂分组 讨论汇报 (45 min)	**任务四:任选一个营养繁殖树种制订一个生命周期的栽培技术方案**(15 min) 科学的栽培技术是按照果树的生长发育规律进行的,通过制订生命周期的栽培技术方案,使学生能理论联系实践,促进对生命周期的理解和作为果树工作者应该做哪些工作的了解。 【分组汇报】(10 min) 由组长指定2个同学汇报任务三讨论结果和任务四技术方案。 【教师点评】(5 min) **任务五:评价反思** 1. 每组汇报后,教师进行评价总结,主要包括学生收集资料能力、查阅文献能力、归纳总结能力、沟通协调能力及语言表达能力。教师还要针对学生探究出的问题结果进行分析评价,对于想法比较好的学生提出表扬,以激发他们的学习兴趣。除此之外,教师还要对学生的课堂表现情况进行评价。 2. 学生与学生之间从探究问题所用时间、与小组成员合作关系等方面进行互相评价。		

课　后　任　务

巩固提高:

　　学生完成本节课知识学习,梳理思维导图,并运用果树生命周期理论,分析果树生产中可能存在的问题。以课后作业学时完成任务。教师结合课后作业分析学习效果和差异性,为学生提供不同的学习策略。

板书设计见图2-4。

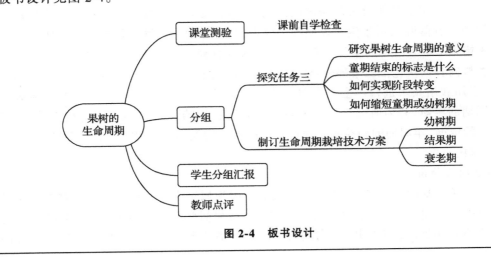

图 2-4　板书设计

9. 学习评价

学生评价报告,包括个人评价报告和小组评价报告。

个人评价报告包括个人对本节课学习过程、学习结果的评价;小组评价报告指小组为单位对其他小组的评价,从归纳总结、沟通协调、语言表达能力、议题把握程度等方面评价。

10. 思考题

(1)2年生乔化砧木苹果苗定植以后,短期内不会结果,请从童期的理论分析可能原因,并给出相应的解决方法。

(2)试分析为什么缩短童期的措施多数是有利于营养生长的,而缩短成年营养生长期的措施一般是要抑制营养生长,并说明研究成年营养生长期对准确判断果树实生树的发育阶段及采取合理技术措施十分关键的原因。

(3)结果盛期是果树进入大量结果,产量相对稳定的时期,分析影响结果盛期的持续时间长短及如何通过栽培技术调控维持较长时间的结果盛期?

(4)用生命周期理论解释我们为什么要实现"早果、稳产"目标。

(5)果树生命周期各阶段有没有明显的划分界限?各个时期的长短和变化速度与哪些因子有关?

11. 教学反思

本次教学采用了基于翻转课堂的线上、线下混合教学模式,课前课程内容基于问题形式自学,便于帮助学生梳理知识点。课堂得到了有效地翻转,帮助学生完成了知识的内化,促进学生更深一步理解教学内容。课前、课中、课后教学相结合,教师、学生共同参与学习,促进了学生对学习过程的重视。因为学生学习的主动性不同,学习效果差别很大,为了督促学生主动学习,加强学生课前学习效果,在课前设置线上课前任务完成结果考核评价,并纳入平时成绩。

二、果树年生长周期教学设计

1. 教材分析

本节课内容选自《总论》第二章第二节果树的年生长周期。本章内容属于果树栽培学基础知识与基本理论部分。通过本节课的学习,学生掌握果树年生长周期概念、落叶果树和常绿果树的年生长周期生长规律及其栽培调控措施;能够根据物候期特征和果树体内营养物质的来源与使用来解释落叶果树年生长周期各个时期的特点;也为后面栽培技术部分所采取的一切栽培技术措施适应各时期的生长发育特点提供理论解释。

本节教材内容依次包括三个部分:建立年生长周期概念;探讨落叶果树和常绿果树年生长周期规律;运用栽培技术进行年生长周期调控。其中,年生长周期的概念是基础,旨在揭示果树年生长周期的实质,并为研究年生长周期规律提供依据;年生长周期规律是核心,它是年周期调控技术的依据;年周期的调控则是通过具体的栽培措施,促进对年生长周期及其规律的理解、巩固和深化。

2. 教学内容分析

本节内容属于基础理论部分,本节知识按具体知识属于术语知识和过程性知识。果树年生长周期、物候期、休眠、需冷量等属于术语知识,是果树学领域的基本语言;果树年生长周期及物候期的划分及特点等知识属于过程性知识,是描述果树一年中发生、发展过程的知识。

按抽象知识分类,本节内容属于概括性知识,包括果树学相关概念、规律、原理。要求学生系统学习果树年生长周期概念、变化规律及调控措施。年周期中果树休眠对设施农业生产有十分重要的应用价值,所以内容还涉及果树生理学、设施果树栽培学中的休眠机制和设施果树栽培原理部分内容,教学内容可参考这三门课程。除了教材系统知识外,要查阅文献,了解果树芽需冷量及其估算模型、需热量及其估算模型,了解自然环境条件与休眠解除关系及休眠解除机理。

通过本节课的学习,学生要掌握果树年生长发育规律、物候期概念,生长期和休眠期的特点;能够应用生物学基础原理解释果树年生长周期生长发育过程的机理;也为后面章节内容中所采取的栽培技术措施提供理论解释。教学过程中,教师可以设计相应的问题情境,如生活和生产真实的情境,适当引导学生,帮助他们掌握一些基本知识、基本理论,拓宽他们解决生产上问题的思路,从而能从知识的学习提高到问题解决的能力上。本节知识框架参见图2-5。

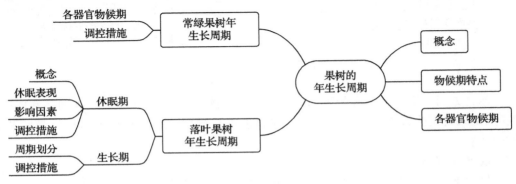

图 2-5　知识框架

3. 教学目标分析

(1)知识目标　熟记果树年生长周期、物候期、休眠期的基本概念;准确复述落叶果树年生长期内根据营养物质的来源与使用划分各阶段的特点;能够说明落叶果树休眠的原理;能计算果树需冷量和需热量。

(2)能力目标　通过问题探究体验探究性学习的过程,了解问题探究的基本方法,进一步形成交流、反思的学习习惯;通过线上自学,提高学生学习的主动性和有效性。

(3)素养目标　培养学生的创新能力、解决问题能力、独立思考能力、合作能力等。

(4)思政目标　引导学生专业认知,增强学生投身乡村振兴一线的决心。

思政目标实施过程:课堂导入栖霞苹果助力乡村振兴案例,通过分析山东栖霞苹果产业,使学生认识到果品生产在国民经济发展中的作用,提高学生学习专业知识的兴趣,增强学生投身乡村振兴一线的决心。

基于布鲁姆认知领域六层次学习目标分析参见图2-6。

4. 学情分析

(1)知识方面　学生已经学习了果树的生命周期。果树的生命周期包括多个年生长周期,果树的年生长周期是果树生命周期的基础。通过对果树生命周期的学习,学生具备了果树生长周期植物生长的原理知识,同时也初步了解了果树栽培技术在调控果树周期生长中的作用。

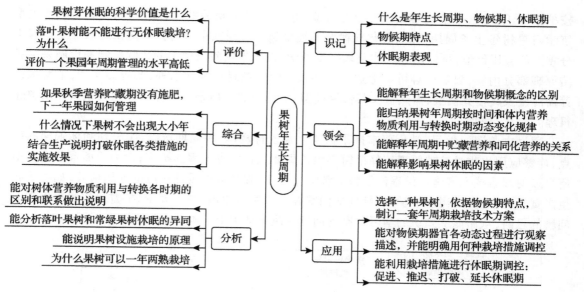

图 2-6　学习目标分析

（2）能力方面　大二学生有较强的好奇心和求知欲,对果树栽培技能充满期待和向往,以创设年周期果树变化为切入点,教学设计紧紧围绕与果树年周期变化的问题进行,激发了学生的学习兴趣。

5. 重点、难点分析
（1）教学重点　果树年生长周期划分及其调控措施,休眠期及其影响因素。
（2）教学难点　树体营养物质利用与转换各时期的区别和联系,打破休眠的机理。

6. 教学模式

果树年生长周期是果树一年中随外界环境变化而出现的一系列生理与形态的变化过程,也就是果树一年中随气候而变化的生命活动过程。本节在概述年生长周期概念的基础上,对落叶果树年生长周期及其调控进行重点阐述,特别是从物候期变化和果树体内营养物质的来源与利用两条线来阐述落叶果树生长期的变化。教学时数为 2 学时,采用抛锚式教学模式。

抛锚式教学模式是建立在建构主义学习理论下的一种重要的教学模式,要求教学建立在有感染力的真实事件或真实问题的基础上,通过学生间的互动交流,依靠学生的主动学习、生成学习,亲身体验从识别目标、提出目标、达到目标的全过程。抛锚式教学要以真实事例或问题为基础(作为"锚"),所以有时也被称为"实例式教学"或"基于问题的教学"或"情境性教学"。

7. 教学设计思路

本节围绕"果树一年中是如何变化的? 如何进行果树年周期调控,即生长期和休眠期调控?"展开学习讨论。果树年生长周期是果树栽培学的重要章节,也是整个果树栽培学的重点内容。教学设计思路如下。

（1）创设情境　如果春季上课,要求学生回答春季果树形态特点;如果秋季上课,要求回答秋季果树形态又有什么特点? 教师引入:果树一年中随外界环境变化出现怎样的生理与形态的变化? 生产上一年四季又是如何调控的?

（2）确定问题　落叶果树随一年四季变化出现萌芽、开花、结果、落叶和休眠，常绿果树没有明显的休眠，这种过程年复一年，周而复始。老师抛出问题：果树一年中是如何度过的？作为生产者，果树年周期中如何管理？

（3）自主学习　根据果树年周期变化过程这个真实的事件，按照布鲁姆认知领域的教育目标提问，围绕该问题，教师不是直接告诉学生应如何从果树萌芽到落叶怎么管理，而是围绕果树年生长周期的变化规律及其特征向学生提供如何管理果园的有关线索，并注意发展学生的"自主学习"能力，做一步一步探究，厘清思路，进行年周期果树管理设计。教师通过提问来引导学生，以问题为学习导向，引导学生带着疑问学习。

（4）协作学习　在个人学习的基础上采取小组讨论，进一步完善和深化主题的意义建构。整个协作过程由组长负责，教师指导，将讨论进一步引向深入的后续问题。教师对学生的表现要给予恰如其分的评价。

（5）学习效果评价　包括小组对个人评价和学生自我评价。评价包括：①自主学习能力；②协作过程中的贡献；③是否达到教学目标。

8. **教学活动设计**

课 前 准 备
教师提前在网络平台发布相关课程资料，如微课、视频、科研、案例资料等，引导学生课前预习。

课 堂 教 学			
教学环节	教师活动	学生活动	设计意图
创设情境 （2 min）	【课堂思政导入】山东栖霞苹果种植面积100万亩，年总产量200多万t，品牌价值66.31亿元，苹果种植面积、总产量、果品质量、产业层次均居国内领先地位。栖霞市先后荣获"中国苹果之都""世界苹果之城""全国果菜产业十大国际知名地标品牌"等20多项荣誉称号。在栖霞，苹果串起完整产业链条。如利用废弃苹果枝条，进行生物质发热供电、发酵高端有机肥，推广应用沼渣沼液，实现了果业经济循环发展。 【提问】山东栖霞苹果效益为什么这么高？苹果树如何才能生产出高产优质的苹果？苹果一年中随外界环境变化出现怎样的生理与形态的变化？为什么这种过程年复一年，周而复始？	学生认真听老师讲述的内容，对老师提出的问题进行思考	目的使学习能在和现实情况基本一致或相类似的情境中发生，激发学生学习兴趣。栖霞苹果助力乡村振兴案例，引导学生认知专业，增强学生投身乡村振兴一线的决心
确定问题 （3 min）	【设锚】 1. 从物候期特点分析落叶果树各器官年生长周期是如何变化的？年周期内果树体内营养物质是如何获得和利用的？ 2. 老师抛出问题，设锚：果树一年中是如何度过的？作为生产者，果树年周期中如何管理？	通过观察图片了解了果树一年中的形态变化，融入情境去解决一年中如何管理果树这个问题或任务	设锚，引发学生进入角色

续表

教学环节	教师活动	学生活动	设计意图
自主学习 (40 min)	【思路】本节课主要按照布鲁姆认知领域的教育目标,从识记、理解、应用、分析、综合、评价6个层次,形成由简到繁的梯度问题。教师通过提问来引导学生,将讨论进一步引向深入的后续问题。 【设锚】 1.认知性问题 (1)什么是果树年生长周期、物候期、需冷量、休眠、自然休眠、被迫休眠? (2)果树物候期有哪些特点? (3)影响物候期进程的因子有哪些? (4)落叶果树年生长周期可以分为哪两个阶段(两个时期)? (5)根据果树体内营养物质的来源和使用,落叶果树生长期可分为哪几个时期及各时期的调控措施分别有哪些? (6)如何进行果树休眠期的调控? 2.理解性问题 (1)能解释年生长周期和物候期概念的区别。 (2)能归纳果树年周期按时间和体内营养物质利用与转换时期动态变化规律。(3)能解释年周期中贮藏营养和同化营养的关系。(4)能解释影响果树休眠的因素。 3.应用性问题 (1)能对物候期器官各动态过程进行观察描述。 (2)用休眠的理论解释果树设施促早栽培和延迟栽培的原理是什么? 4.分析性问题 (1)为什么北方落叶果树有自然休眠特性?南方常绿果树有没有明显的自然休眠特性? (2)为什么果树在一个时期内物候期存在重叠现象? (3)分析果树养分转换期出现早晚及持续时间与贮藏营养有何关系? 5.综合性问题 (1)如果秋季营养贮藏期没有施肥,下一年果园如何管理? (2)什么情况下果树不会出现大小年现象? (3)果树能不能进行无休眠栽培?其栽培成功的前提是什么? 6.评价性问题 (1)如何评价一个果园年周期管理的水平高低? (2)北方落叶果树休眠需要低温条件,而南方温度较高,为什么苹果在南方能成功栽培?如何通过栽培措施调控?	学生认真听讲思考,积极回答老师提出的问题	抛锚:主要培养学生独立思考能力。根据果树年周期变化过程这个真实的事件,围绕该问题教师不是直接告诉学生从果树萌芽到落叶应该如何管理果树,而是教师以问题为学习导向,引导学生带着疑问学习,注意发展学生的"自主学习"能力,做一步一步探究,厘清思路,进行年周期果树管理设计

续表

教学环节	教师活动	学生活动	设计意图
协作学习 (40 min)	【解锚】通过前面自主学习,在个人学习的基础上采取小组讨论,进一步完善和深化主题的意义建构。每个组选择一种果树,制订一套年周期综合管理方案,分享交流,整个协作过程由组长负责,教师指导。	分组讨论	解锚:学生通过合作学习的方式解决设定的问题,分享交流,并引导学生总结
学习效果评价 (5 min)	【起锚】教师讲解抛锚式教学学习评价方法和内容。抛锚式教学的学习过程就是解决问题的过程。由于该过程可以直接反映出学生的学习效果,因此对这种教学效果的评价不需要进行独立于教学过程的专门测验,只需在学习过程中随时观察记录学生的表现即可。包括小组对个人评价和学生自我评价。评价内容包括:(1)自主学习能力;(2)协作过程中的贡献;(3)是否达到教学目标。	学生自我评价	起锚,针对教学过程、学生学习情况和教学效果进行评价,分析存在的问题,寻找不足,进一步提升学生对知识的理解和运用

课 后 任 务

课后作业

【巩固提高】培养学生融会贯通和综合分析的能力。

思考题:1. 果树在年生长后期突然落叶,是好事还是坏事? 为什么?

2. 北方落叶果树在南方没有低温需冷量条件,为什么能成功栽培? 在栽培过程中如何调控?

【专题讨论】果树碳素营养分配与管理

内容:1. 果树碳水化合物的周年分配

落叶果树叶片的光合作用同化物,一部分直接转运至生长发育器官,用于结构物质形成和能量消耗,为一次运转;一部分在叶中或其他器官呈贮备形态,根据生长发育需要,再次转化运出为二次运转。

(1)落叶果树自芽萌动到新梢旺长初期,所需碳素物质以贮藏物质为主,新叶片所生产的碳水化合物在叶片自身建成前,碳素同化物运出量很少或不运出;

(2)进入新梢旺长期,碳素贮藏营养物质可利用部分已基本耗尽,当年碳素同化物质在运输分配上受到梢顶、根端、果实等多方面的竞争,即所谓多源竞争;

(3)进入新梢缓长期,该期新梢基本停长,功能同化能力维持较高水平,碳素同化物向各部位、各器官的运输分配达到一年中较均衡的时期;

(4)自苹果采收后至落叶为营养物质贮备时期。碳素同化物的分配表现为集中向地下部运输的特点。

内容:2. 果树碳素贮藏营养

(1)果树碳素营养物质的贮备

①贮藏营养物质是指那些不立即用于同化和呼吸,而贮藏备用的物质。

②临时贮藏指在枝条生长季节,当碳素化合物源的合成大于输出,或库器官的输入大于利用时,会在源或库器官中出现暂时的淀粉积累。

③营养贮备指进入秋季营养贮备期,约一半的碳素同化物源不断地输入根系,根中淀粉积累到后期方达到最高水平。

(2)碳素贮藏营养物质的再利用

根系是叶片光合产物的重要接受器官、转化器官和消耗器官。

①早春土壤温度上升到一定高度,根中贮藏的淀粉转化分解为可溶性糖,就近供应新根的生长,形成地下部贮藏营养的第一个分配中心。

续表

②地上部从萌芽到芽内分化叶的展开主要依靠枝干贮藏营养的局部供应。

③随着春梢的旺盛生长,地上部贮藏营养水平迅速下降,新生枝叶合成的生理活性物质接连不断向根系运输,从而启动了地上、地下部的物质交换,使根系贮藏营养由最初的局部供应转化为整体供应,形成根系贮藏营养的第二次分配中心。

(3)碳素贮藏营养水平与果树生长发育

①果树碳素贮藏营养水平的高低,取决于果树的生长发育水平。

②树势与结果量影响当年碳素同化物在各器官中的分配比例,对根系和枝干的营养贮备影响尤为显著。

③叶片的光合性能尤其是光合时间与碳素贮藏营养水平有直接的关系。

④果实的大小受贮藏营养和当年同化产物的双重影响。

⑤枝条贮藏营养水平的差异直接影响到植株春季叶片发育的质量,进而影响到叶片的光合功能。

⑥贮藏营养水平对果实数目的影响很大程度上是由于激素水平的改变。

(4)改善果树碳素贮藏营养的途径

课后作业

自果实采收后到落叶之前,是果树贮备营养的物质贮备阶段,叶片功能、光合生产的条件及栽培管理措施显著影响着贮藏营养水平。

①合理负荷既能起到节流作用,又能起到开源作用。

②保证一定数目的秋梢对改善果树生理机能、促进碳素营养贮藏积累具有十分重要的意义。

③采后尽早施肥是提高叶片光合能力、延迟叶片衰老的重要措施。

④同一施肥量,分期施入虽比一次施入费工,但肥料损耗少,利用率高。

⑤早春追氮可以起到以氮促碳的作用。

⑥加强植物保护是提高果树碳素贮藏营养的重要途径。

⑦适时采收也能增加碳素营养的贮备。

具体要求如下:

1. 每位同学查阅国内外文献,撰写综述报告或读书报告并制作 PPT。每位同学专题报告及讨论时间要求为:主讲 25～30 min,讨论 10～15 min。每位参加讨论课的同学必须踊跃发言、提问、质疑和讨论。

2. 按百分制计分,报告占 50%、多媒体汇报占 30%、讨论占 10%、出勤占 10%,由考评小组成员共同商量评定。成绩分为优秀(85 分及以上)、良好(80～84 分)、合格(70～79 分)、不合格(69 分以下)四个等级。

板书设计见图 2-7。

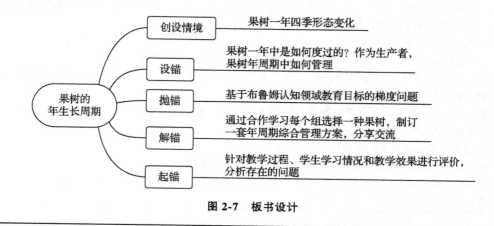

图 2-7　板书设计

9．**教学评价**

（1）过程性评价　在学习过程中随时观察记录学生的表现，包括小组对个人评价和学生自我评价。评价内容包括：①自主学习能力；②协作过程中的贡献；③是否达到教学目标。

（2）课后作业评价

10．**思考题**

（1）果树芽休眠的科学价值是什么？

（2）生产中若要大量积累贮藏营养，该如何去做？

（3）物候期在一定条件下具有重演性，请设计一个葡萄一年两熟的实现物候期重演的栽培方案。

（4）请设计一个树种的物候期观察实验，需明确物候期观察项目和标准。

（5）论述温度在打破果树芽休眠中的作用。

11．**教学反思**

抛锚教学法是要求教学建立在有感染力的真实事件或真实问题的基础上，通过学生间的互动、交流，凭借学生的主动学习、生成学习，亲身体验从识别目标、提出目标到达到目标的全过程。

本节以"果树一年中是如何度过的？""作为生产者，果树年周期中如何管理？"抛出问题，引导学生自主探究相关知识。在实际上课操作过程中，"抛出什么问题？怎样引导学生解决问题？"这两个方面课堂设计较好。"怎样让学生拓展问题？"放到课后作业，需要加强课后作业结果评价，才能提升学生融会贯通和综合分析的能力。总体三个方面均设计到，从而提高了教学效果。另外，学生习惯了以教师为中心讲授为主的教学方法，以问题解决学习还需要多练习，从而提高学生的学习兴趣。

第三章　果树器官生长发育教学设计

果树器官生长发育是果树栽培学基础理论部分内容。本章内容依次包括5个部分,即从果树地下器官到地上器官,从营养器官到生殖器官以及器官间的相互关系。果树根系生长发育特性是果园土肥水管理的理论基础,果树枝芽叶特性是果树整形修剪的理论基础,花芽分化与开花、坐果、果实发育是花果管理的理论基础。教材用较大篇幅分析果树器官的生长发育特性和影响因素,除了花芽分化外,均没有涉及调控措施。果树器官类型、特性是基础,旨在揭示其后面栽培措施应用的实质、特性和影响因素。通过具体的实例讲解,促进对各器官生长发育的理解、巩固和深化。在教学中要落实好让学生熟练掌握果树生长发育的基本规律,熟悉其基本概念、基本理论、果树生长发育与环境条件及栽培措施的关系。本章内容分9学时来讲,以巴特勒的自主学习、问题解决等模式设计教学。具体内容参见图3-1。

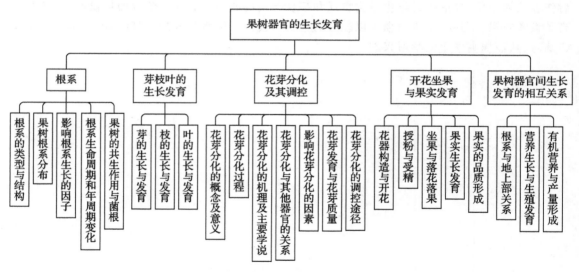

图 3-1　果树器官的生长发育主要内容

一、根系生长发育教学设计

1. 教材分析

本节课内容选自《总论》中第三章第一节根系。本节教材内容依次包括3个部分:明确果树根系的功能、根系的类型和结构;探讨果树根系的分布、生命周期和生长周期中的生长规律;

分析影响果树根系生长的因素并运用栽培技术调控根系生长。其中,果树根系的功能、根系的类型和结构、根系分布和生长发育规律是基础,这些内容是研究果树根系的背景材料,旨在揭示果树根系生长的实质,并为研究果树根系生命周期和年生长周期规律提供依据。影响根系生长的因子则是通过具体的栽培措施调控根系生长的核心。

在本节课,教师安排学生复习大一已经修过的植物学中植物的营养器官根系相关内容,帮助学生来认识果树根系概念、功能、类型、结构、根瘤和菌根。为落实好根系教材的内容,教师要突出个别与一般的辩证关系,帮助学生实现从感性认识到理性认识的飞跃;要依据教材内容为学生提供鲜明的果树根系研究事实,深入探讨产生果树根系不同变化的本质原理,以形成对根系这一器官概念的了解;要依据教材的知识内容,揭示根系生长的规律和调控方向,将根系生长规律应用于解决果树地下管理的实际问题上,加深对根系及其生长规律的认识;运用巴特勒的自主学习模式,培养学生的创新精神和善于解决问题的实践能力。相关理论知识框架参见图 3-2。

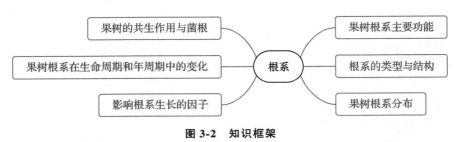

图 3-2　知识框架

2. 教学内容分析

果树根系的生长发育是果树栽培学课程主要的基本理论知识,本节内容属于基础理论部分。本节知识按具体知识属于术语知识和功能性知识。果树根颈、根际、菌根等属于术语知识,是果树学领域的基本语言;果树根系分布和生长特性等知识属于功能性知识,是描述根系功能、作用、意义的知识。按抽象知识分类,本节内容属于概括性知识,包括果树学相关概念、规律、原理。根系是果树主要的营养器官,根系供给地上部分水分、矿物质、部分调节物质,根系发育需要来自地上部分的光合产物。果树的深层根系起着固定树体、决定长势的作用;浅层根系起着决定花芽分化和果品质量的作用。根系是植物的主要调控中心,施肥、浇水和耕翻等的作用主要是通过根系发挥的。根系是提高果品产量和改善果实品质的潜力所在。开展根系研究,探索果树新根发生和生长的奥秘,对果树生产具有重要指导意义。通过本节课的学习,学生熟悉根系生长特性、生长发育规律及在生产上的应用;掌握根系研究内容与方法,为后面第七章果园土肥水管理部分所采取的栽培技术措施提供理论解释。

3. 教学目标分析

(1)知识目标　能够熟记根颈、根际、菌根、根瘤概念;准确复述果树根系功能、根系类型、根系结构、根系分布特点、根系生命周期和年周期变化动态和影响根系生长的因素;能够复述菌根类型和作用;能够掌握根系的研究方向和内容,学会根系调控方法并能说明调控理论依据。

(2)能力目标　通过内在原因和规律的揭示,培养学生认真思考、探求规律、理解原因的能力。

(3)素养目标　通过线上自主学习,激发学生求知的兴趣,培养学生乐于思考、交流的品质。

（4）思政目标 融入思政元素"束怀瑞院士科研成果"。束怀瑞院士从 1954 年开始开展对苹果根系的研究，至今没有间断。通过研究果树根系和果树营养，找寻方法让果树丰产增收、提质增效，从而帮助农民脱贫致富。引导学生学习束怀瑞院士无私奉献、持之以恒并不断创新的科学家精神。

思政目标实施过程：通过人物访谈节目创设情境，了解束怀瑞科学家的贡献，弘扬科学家精神，引导学生争做新时代追梦人。

基于布鲁姆认知领域六层次学习目标分析参见图 3-3。

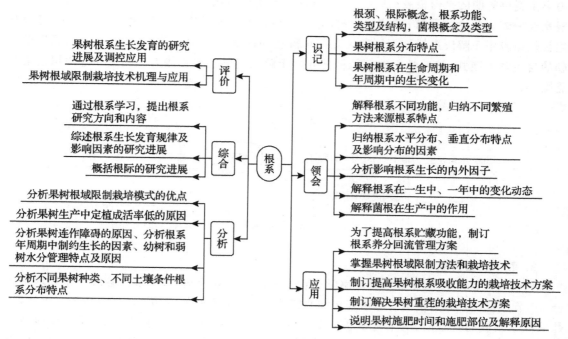

图 3-3 学习目标分析

4. 学情分析

（1）知识方面 学生在大一时已经学习了植物学课程，对植物根系的生理功能、根的形态、根系在土壤中的生长与分布、根的发育与结构、侧根的发生、根瘤与菌根等基本理论知识有了掌握。在大二学习的植物生理学中更进一步学习了根系在水分代谢、矿质和氮素营养中的地位和作用。教师可以通过简单测试或问卷等形式首先掌握学生对这些知识的掌握程度，以及生活中对果树根系的认识程度。

（2）能力方面 学生有较强的好奇心和求知欲，对果树栽培技能充满期待和向往。因此，本节教学设计以当前生产上和围绕根系进行的一些研究和技术为切入点，紧紧围绕教材内容和学生掌握程度进行，针对学生基础理论掌握的多少设计教学任务的深度、难度和广度。考虑到本班学生中学习能力突出的和学习能力较弱的学生，采取变通灵活的教学策略，激发学生的学习兴趣。通过果树栽培知识的学习，学生具备应用知识解决实际问题的能力。

5. 重点、难点分析

（1）教学重点 果树根系分布、生长特性及影响因子，果树根系的生命周期和年周期变化、果树的共生作用和菌根。

（2）**教学难点** 探索果树根系发生和生长对果树生产的指导作用。

6. 教学模式

本章内容主要采用巴特勒的自主学习模式,以根系相关理论为载体,将所学习的内容打散、整合进真实项目,结合教学模式特色,将教学过程设置为课前预习、课中实施和课后提升三个环节。

7. 教学设计思路

根系是果树主要的营养器官,供给地上部分水分、矿物质、部分调节物质,而根系发育需要来自地上部分的光合产物。果树的深层根系起着固定树体、决定长势的作用,浅层根系起着决定花芽分化和果品质量的作用。本节内容分2学时来讲,重点为根系生长特性、生长发育规律及生产上应用,以及根系研究内容与方法等。以巴特勒的自主学习模式、创设"问题—解决"教学模式来设计教学活动。

巴特勒自主学习模式教学程序分为设置情境—激发动机—组织教学—应用新知—检测评价—巩固练习—拓展与迁移七段。设置情境和激发动机要遵循学生认知规律;组织教学、应用新知、检测评价强调以学生为中心,教师起组织、指导、帮助和促进的作用,既强调学生的认知主体作用,又合理发挥教师的引导作用;巩固练习和拓展迁移强调学生与教师的互动,培养学生科学探究思维,进行知识的重组和意义建构。七个步骤应根据不同情况有所侧重。

8. 教学活动设计

课 前 准 备
教法:预先在雨课堂发给学生课件及讲义等,介绍根系当前生产和研究热点和重点,提供电子学习资料;通过问答法完成课前在线指导,并对学生学习情况进行检查。 学法:课前完成预习;通过自主学习法,完成自测题上传雨课堂或微信群。 课前检测题:认知性问题。 （1）名词解释:根颈、根际、菌根。（2）果树根系有哪些功能? （3）按照根系的发生及来源,果树根系分为哪几类? 各有何特点? （4）果树根系的结构是如何组成的? （5）菌根的着生方式及作用是什么? 菌根在生产中的应用前景有哪些? （6）果树根系分布的基本特点是什么? （7）影响根系分布的因子有哪些? （8）果树根系年周期中生长有何特点? （9）影响根系生长的因子有哪些? （10）果树的根际效应是什么?

课 堂 教 学

教学环节	教师活动	学生活动	设计意图
设置情境 （5 min）	【情境导入】2018年11月6日,中央电视台(CCTV10科教)《大家》栏目播出了《束怀瑞 陌上耕耘果满园》:束怀瑞用毕生的时间致力于一件事,就是通过研究果树根系和果树营养,找寻方法让果树丰产增收、提质增效,从而帮助农民脱贫致富。 问题1:束怀瑞对苹果根系研究的贡献有哪些? 问题2:根系在果树生长发育过程中有什么功能?	学生认真观看视频,思考回答老师提出的问题	教师从央视《大家》人物访谈节目创设情境,通过展示国内外拥有很高声誉的束怀瑞科学家的贡献,揭示教学主题果树根系

续表

教学环节	教师活动	学生活动	设计意图
激发动机 (15 min)	教师演示果树生产中壮树和弱树根系图片,并提出问题:如何理解根系提高果品产量和改善果实品质的潜力所在?为什么说根系是植物的主要调控中心,施肥、浇水和耕翻是如何通过根系发挥作用的?为证实学生的答案以及让学生直观地理解,教师采用根系养分吸收过程示意图或动画展示并同时对根系吸收养分的途径进行讲解,即详细讲解根表面从土壤中吸收各种养分的截获、扩散和质流三种途径。	学生思考并讨论回答问题	以学生为中心,通过问题启发学生思考,加深学生理解,从而激发学生的学习兴趣
组织教学 (10 min)	【抛出问题,引入根系类型与结构】果树根系,一类是黄褐色具有次生结构的木质化根,主要行使固定、贮藏和输导水分与养分的功能;另一类是具有初生结构的白色新根,它依附于其他各类根上,具有独立的特性和功能。那么这两大类根是如何演化的? 【讲解】知识点1:根系类型与结构 (1)根系类型 (2)根系结构 【探究】(1)初生根(新根、活跃根)的分类及演化:吸收根和生长根 (2)次生根(老根)类型、发根能力和根系更新:当年生次生根和多年生次生根	学生认真听讲,思考回答问题	启发学生思考根类型及其演化
组织教学 (20 min)	【讲解】知识点2:果树根系的分布 (1)果树根系分布特点:水平、垂直分布 (2)影响根系分布的因子 知识点3:影响根系生长的因子 知识点4:果树根系在生命周期和年周期中的变化 【举例分析】 (1)生产中"局部根域"改良与利用案例:地膜覆盖穴储肥水旱栽技术。 原理分析:根域特性直接影响着根系的结构和功能。地膜覆盖穴储肥水改变了局部土壤的水、肥、气、热条件,使此处根系得到良好发育,并保持强的功能。 (2)局部灌溉。 原理分析:交替地或定期地使土壤处于适度干旱状态,可以促使植株尽早进入生殖发育。原因是供水区的根系可以正常合成诸如细胞分裂素等"正作用"的激素,维持树势;干旱区域的根能合成较高浓度的脱落酸等"负作用"激素,限制植株生长。现代的滴灌、渗灌、沟灌、隔行灌等灌溉技术能够实现局部灌溉,不仅节水,而且可以保证植株健壮生长发育,尽早达到丰产,也易实现果品优质。	认真听讲,不断思考,回答问题	教师发挥主导作用,从课本知识点入手简单讲解,重点结合科研生产事例分析根系的发生生长和特性,使学生在教师引导下发现探究问题所在。有助于学生理解,也使抽象的知识形象化

续表

教学环节	教师活动	学生活动	设计意图
组织教学 (20 min)	(3)根域限制栽培技术。 原理分析:人为地把植物根系限制在一定介质或空间中,控制根系体积和数量,改变根系分布与结构,优化根系功能,通过根系调节整个植株生长发育,从而实现植株的高产高效优质。		
组织教学 (10 min)	【讲解】知识点5:当前根系研究热点 (1)果树的共生作用及菌根;(2)根际 【探究】果树泡囊——丛枝状菌根真菌(VA菌根真菌)的应用		
应用新知 练习 (20 min)	【知识梳理】教师将学生分组,组织学生梳理本节课知识流程,并从每组选出一个代表汇报;教师最后总结。	每组用思维导图梳理出知识点。学生参与交流,思考、回答	通过让学生梳理本节课所学,教师从学生回答中判断其是否能将知识归纳整合,从而能够作出评价并查漏补缺
检测评价 (10 min)	【教师出示题目】 (1)传统栽培技术强调"根深叶茂"和现代栽培技术采用根域限制栽培,哪个效果更好？为什么？ (2)如何调控果树根系生长和分布？	思考回答	考查学生对新知识的理解运用能力

课 后 任 务

巩固 练习	【检测题】 (1)不同繁殖方法来源根系各具有哪些特点？ (2)根系水平分布和垂直分布特点是什么？影响根系分布的因素有哪些？ (3)根系在生命周期和年生长周期的变化动态是什么？ (4)果树施肥灌水部位是什么？为什么土壤施肥要求考虑施肥的时间、位置、深度？ (5)如何能提高果树根系的吸收能力？ (6)为什么地膜覆盖穴储肥水旱栽技术应用效果好？ (7)分析果树连作障碍的原因,分析根系年周期中制约生长的因素是什么？制订一个解决果树重茬的栽培技术方案。(8)果树根域限制的方法有哪些？果树根域限制栽培技术机理是什么？ (9)综述果树根系生长发育的研究进展及调控应用。(10)菌根的着生方式及作用是什么？菌根在生产中的应用前景有哪些？	完成作业	根系相关理论知识是最重要的基础,在教学中,要举一反三加深学生对概念的理解
拓展 迁移	科研案例:教师给学生上传根系研究案例,让学生学习,获得感悟,开阔视野。	自学	开阔学生科学视野,提高学生科学素养

板书设计见图 3-4。

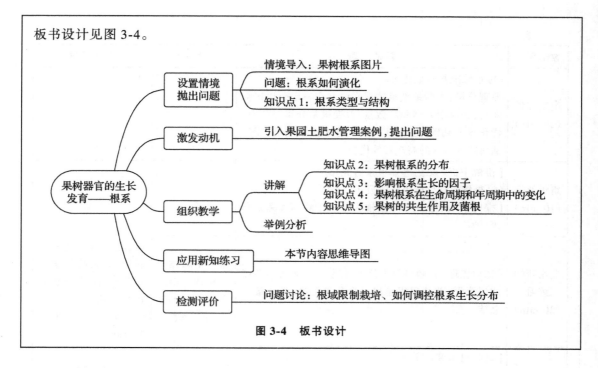

图 3-4　板书设计

9. 教学评价

（1）过程性评价　课前信息平台访问次数、课程预习情况、课前测试。课中讨论表现、回答问题等。

（2）课后作业评价　使用课后任务中的检测题进行评价。

10. 思考题

（1）如何调控果树新根的发生？

（2）怎么才能提高果树根系密度？

（3）分析根域环境与根系结构和功能的关系。

（4）如何根据果树根系营养空间特性及树体营养的要求来调节土壤环境，使之适合于植株的营养要求，发挥施肥的最大效益？

（5）在果树生长季节发现烂根现象，请分析可能的原因。这种情况能否补救？该如何补救？

11. 教学反思

教学活动中需创造一个情境引导学生主动参与到教学活动中，教学中以束怀瑞科学家精神导入新课，对于根系巴特勒自主学习模式教学开展非常成功。但在课堂教学过程中教师要注意用适当的方法对学生思路进行引导，更重要的是调动全体同学的主动性，激发学生学习兴趣，培养学生善于发现、分析、解决和运用知识的能力，养成自主探索的学习习惯，推进课堂教学改革。从课堂提问及课后思考题来看，学生掌握了果树根系相关内容。但从学生的反馈来看，对于自主学习模式还没有得到广泛的认可。在以后教学中还需要通过各个方面引导学生适应以学生学习为主的教学模式。

二、芽、枝、叶生长与发育教学设计

1. 教材分析

本节课内容选自《总论》中第三章第二节芽、枝、叶的生长与发育。本节内容属于果树栽培学课程基础理论部分，果树芽的种类和特性、枝的类型特性及生长规律、叶的特性是理论知识。教材用较大篇幅介绍果树芽、枝、叶类型及特性，这些内容是第八章果树整形修剪的理论基础。在教学中要突出系统性和论证性，要加强对芽、枝、叶的生长发育内涵和外延的揭示与领会，分析影响果树芽、枝、叶生长的因素并运用栽培技术进行芽、枝、叶生长调控。另外，识别果树枝芽类型并描述其特点则是果树栽培的技能知识，在教学中要加强实践训练。

为落实好教材的芽、枝、叶的生长发育内容，教师要依据教材内容为学生提供不同果树芽枝叶的图片或视频，深入探讨不同果树芽枝叶不同分类方法、果树枝芽的生长特性及其表现；要依据教材的典型实例，运用归纳法揭示几种果树枝芽特性及其规律。然后，将规律应用于果树整形修剪利用的实际问题，加深对果树枝芽特性及生长规律的认识。

2. 教学内容分析

果树器官的生长发育是果树栽培学课程主要的基本理论知识，本节内容属于基础理论部分。本节知识按具体知识属于术语知识和功能性知识，果树芽的异质性、芽的早熟性、芽的晚熟性、芽的潜伏力、营养枝、结果枝、叶幕、叶面积指数等属于术语知识，是果树学领域的基本语言。果树枝芽叶生长特性等知识属于功能性知识，是描述枝芽叶功能、作用、意义的知识。按抽象知识分类，本节内容属于概括性知识，包括果树学枝芽叶生长相关规律、原理。芽、枝、叶是果树主要的营养器官，芽是枝、叶、花的原始体，芽与种子在功能上有一定的相似点，在一定条件下可以形成一个新植株。叶片是果树光合作用的主要器官，而光合产物是果树产量形成的基础。通过本节课的学习，学生能熟悉果树枝芽叶类型、特点，并掌握其生长发育规律及在生产上的应用，也为后面第八章果树整形修剪所采取的栽培技术措施提供理论解释。通过本节学习，学生将为进一步学习第八章果树整形修剪打下坚实基础。采用"问题—解决"的教学模式，课程目标更加强调学生的主动地位，将原有以灌输教学为主的大量理论知识转为课后学生导向性自学，使课中能留出更多的时间与学生互动交流；教学过程中，教师易于了解学生学习的薄弱环节，并通过多样、趣味、针对性强的教学活动高效充分地调动学生学习的自主性。本节知识框架参见图3-5。

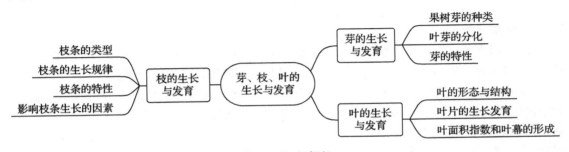

图3-5　知识框架

3. 教学目标分析

（1）知识目标　熟悉果树枝芽叶的类型和有关概念、熟悉果树各器官的生长特性、明确其表现及在生产上的应用；掌握各器官生长发育规律及生长调控的措施；能明确果树长、中、短果枝的划分标准；观察各类结果枝的着生部位、分枝能力、结实能力及特点，结果枝的组成及分布规律，结果枝更新的规律。

（2）能力目标　学会调查各树种幼树的萌芽率、成枝力、潜伏力等特性，有无秋梢或二次枝。观察不同年龄植株发枝的特点和更新的规律，能观察其花序类型、着生部位、每花序花数、花的结构和开花顺序等方面的特点。学会测定树冠体积及叶面积指数的方法，锻炼学生从事科学研究的能力。

（3）素养目标　塑造良好的职业道德，具备细致、实干、有责任心、吃苦耐劳等职业素质。

（4）思政目标　培养学生求真务实的科学态度，挖掘中国文化精髓传承，进一步坚定文化自信，传承中华文化基因。

思政目标实施过程：以课前任务形式让学生查阅资料，挖掘与果树生长发育相关的我国果树学研究领域重大成果。我国古代诗词中也不乏有关果树生长发育的知识和思想。教师通过完成教学任务，传承中华文化基因，坚定文化自信。

基于布鲁姆认知领域六层次学习目标分析参见图3-6。

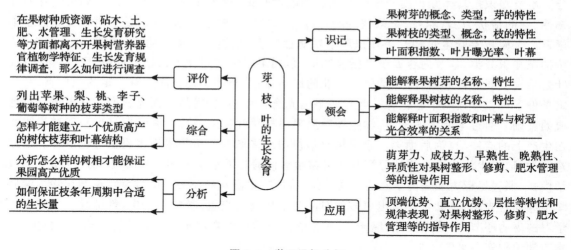

图3-6　学习目标分析

4. 学情分析

（1）知识方面　本节课是在学生学习了植物学之后的专业课程，学生对芽、枝、叶的知识已经了解，对探究果树的芽、枝、叶特性及生产应用起到了铺垫和支撑的作用。

（2）能力方面　大学生有较强的好奇心和求知欲，拥有较强知识基础，自主学习能力强，会利用网络丰富信息和知识，对果树栽培技能充满期待和向往。大学生自我个性张扬，相对比较缺乏团队忠诚感，理论学习较差，喜欢实践等直观的知识，缺乏良好的学习习惯和学习方法。因此，本节教学设计紧紧围绕教材内容设计教学任务的深度、难度和广度。考虑到本班学生学习能力突出的和学习能力较弱的学生，而采取问题导向、小组互作、实践锻炼、成果分享等教学策略，激发全体学生的学习兴趣。

5. **重点、难点分析**

（1）教学重点　不同树种芽、枝、叶类型的鉴别；芽、枝、叶的生长特性及发育规律的掌握；芽、枝、叶特性和整形修剪的关系。

（2）教学难点　分析果树枝芽叶的特性对果树整形、修剪、肥水管理等的指导作用；实验操作。

6. **教学模式**

芽、枝、叶都是果树主要的营养器官，本节主要阐述芽、枝、叶的分类及特性，以及调控措施。本节内容分2学时来讲。以基于真实栽培情境创设"问题—解决"的教学模式来设计教学活动环节。

①以学生自主实验探究为主，培养学生自主探究能力。课前安排实验课内容，通过实验培养学生的观察能力、分析能力、合作学习能力、归纳实验结果能力。

②以情境、问题为主线，注重课堂导向问题的设置，引导学生学习。因此，本节课基于真实栽培情境创设"问题—解决"教学模式来设计教学活动环节，教学设计选取生产中或生活中学生所了解的果树芽、枝、叶的类型特性等作为课堂教学背景，围绕该背景生产问题、展开讨论并解决问题。教学活动采用"问题—探究—新问题—新探究……"环环相扣的方式层层推进，逐步将探究问题引向深入。教学过程注重知识的延伸过渡和概念的自然引入。

③基于线上线下混合式教学模式和基于反向设计的翻转课堂模式，主要采用反向设计的混合教学模式，教学环节主要分为三部分：课前线上学生按照任务单和教学设计先自主学习、课中课堂上促进知识内化、课后线上进一步巩固学习。

7. **教学设计思路**

本节课教学设计主要通过"一条主线、三个实验、线上线下结合"展开对果树芽、枝、叶的学习，整体设计思路如图3-7所示。即以章节教学内容为基础，结合教材和实验指导，课前围绕学习主线、学习任务单，通过小组独立探究实验，激发学生的求知兴趣和理论联系实际的科学态度，培养学生探究、思考、合作、交流和创新的品质。应用搭建好的学习平台，将线上线下教学充分融合，以问题为导向，充分调动学生的积极性与学习兴趣。从教师和学生两个主体维度入手，结合课前、课中、课后三个阶段，构建基于问题的翻转课堂。

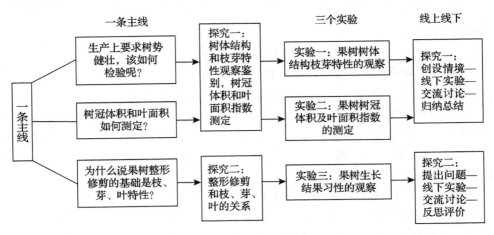

图3-7 教学设计思路

8. 教学活动设计

课 前 准 备

课前学生自主学习

（1）课前教法

课前准备阶段主要分为两个步骤：首先，教师将学习资料整理上传至学习平台，其次，学生课前自主学习及完成课前任务，师生进行课前学习交流。

第一步：教师根据教学内容的编排，确定学生自学的教材范围、基础知识点、重点难点、该节的导向问题任务清单，以及三个实验安排，将本次所学内容重要知识点进行微视频录制，并将所有内容通过微信、雨课堂等学习平台进行推送。

第二步：固定时间在微信群或雨课堂进行课前答疑，收集学生自学过程中普遍遇到的问题。督促学生自学课前知识，有目标地完成任务清单问题，并对学生测验和实验报告完成情况进行检查；同时提前了解学生的疑惑点，以便及时调整课堂讲解内容，使后续的课堂讲解更具有针对性。

（2）课前学法

学生通过智能手机或电脑自行安排时间浏览和学习，有目标地完成任务清单的要求，自行分组分享环节讨论，进行实验，完成实验报告，同时对重点难点内容进行记录。课前完成预习；通过自主学习法、小组讨论法、实验学习法完成知识梳理，做自测题和实验报告上传雨课堂。

（3）评价方式

线上小测验：填空、选择题、简答题；实验报告。

（4）课前学案

【导入新课】

情境导入法：旺树不结果，弱树结果少，只有中庸健壮的树才能连年结果，才能结大果结好果。那么怎样才算是中庸健壮的树势呢？导入新课——第三章第二节芽、枝、叶的生长与发育。

【自学任务单】

任务一：怎样才算是中庸健壮的树势？

问题：(1)什么是芽？ (2)果树芽有哪些种类？不同树种按不同分类方法芽的种类有哪些？ (3)叶芽是如何分化的？ (4)果树的芽有哪些特性？ (5)果树枝有哪些种类？ (6)不同类型的枝是如何划分的？ (7)枝条是如何生长的？ (8)枝条的特性有哪些？ (9)影响枝条生长的因素有哪些？ (10)如何调控枝梢的生长？ (11)如何分析判断树势和枝势？

［探究实验一］果树树体结构和枝芽特性的观察

果树树体结构和枝芽特性直接影响到果树生长结果规律、产量、品质和栽培管理技术。通过实验明确果树树体结构及各部分的名称，熟悉果树枝芽的类型和特点。

材料:选择苹果(或梨)、桃(或李、杏)生长正常的幼树和盛果期植株。提供用具:皮尺、钢卷尺、放大镜等。

实验探究过程:根据学案提供的材料、用具,自主选择2～3个树种,按照实验指导书实验方案观察实践。根据实验内容,完成作业:①绘苹果和桃的树体结构图,并注明各部分名称;②通过观察,说明苹果、梨、桃的枝芽特性有何异同点。

任务二:果树树冠体积及叶面积指数如何测定?

问题:(1)果树叶片有哪些形态? (2)果树叶片是如何生长发育的? (3)什么是叶面积指数、叶片曝光率和叶幕? (4)分析为什么适合的叶面积指数和叶幕厚度、叶幕间距是最大光合生产效率的基础?

[探究实验二]果树树冠体积及叶面积指数的测定

学会测定树冠体积及叶面积指数的方法,锻炼学生从事科学研究的能力。

材料:不同类型树冠的植株(苹果或梨等)。

提供用具:铁丝(条)方框、天平、叶面积方格测量板或其他测叶面积用具。

实验探究过程:根据学案提供的材料、用具,自主选择2～3个树种,按照实验指导书实验方案观察实践。根据实验内容,完成作业:①选苹果、梨、桃等果树,采用不同的单叶面积调查方法调查各类枝的单叶面积;②树龄相同,而树形不同,树冠体积大小有何不同? ③试述影响叶面积指数的因素,分析叶面积指数与树冠投影叶面积指数的差数与树龄及株行距大小的关系;④用枝类法调查苹果、梨、桃树的总叶面积和叶面积指数。

任务三:整形修剪和芽、枝、叶的关系是什么?

问题:(1)分析果树枝芽特性和整形修剪的关系? (2)幼树阶段为什么要适度密植、提高覆盖率和叶面积指数、加强夏剪、扩大树冠? (3)成年树为什么要通过修剪维持适宜的叶面积指数?

[探究实验三]果树的生长结果习性观察

了解和熟悉各种果树的生长结果特点是学习和研究果树栽培管理的基础。通过实习,学生应初步掌握观察果树生长结果习性的方法,并了解几种果树的生长结果习性。

材料:选择当地苹果(或梨)、桃(或李、杏),各选幼树、盛果树和衰老更新树的正常植株进行观察。

提供用具:皮尺、钢卷尺、扩大镜等。

按照实验指导书实验方案观察实践。根据实验内容,完成作业:①对比仁果类和核果类果枝生长结果习性的主要不同点。②从哪些现象说明桃芽具有早熟性?

任务四:思政融入设计

结合思政目标,课前挖掘与果树生长发育相关的我国果树学研究领域重大成果,我国古人对果树生长发育认识和一些古诗词中蕴含的有关果树生长发育的知识和思想,进一步坚定文化自信,传承中华文化基因。

课前查资料学习。

课 堂 教 学

课中学生课堂研讨学习

（1）课中教法

翻转课堂的课中内化阶段区别于传统翻转课堂模式,考虑到学生接受度的问题,课堂设计3个板块。

板块一:课堂讲授板块。教师针对重点、难点知识,以及学生遇到的共性问题进行讲授。在讲解的过程中,突破原有课堂教师"满堂灌"模式,结合任务清单中的导向问题提问学生对知识点的理解或看法,调动学生课堂学习的积极性。

板块二:课堂讨论板块。学生按照4～6人随机分成一组,就教师讲的某个观点或问题进行为时10～15 min的小组讨论,教师监督每个组员必须进行观点陈述。讨论式教学模式可以弥补学生在传统课堂中表达机会少的问题,讨论时教师对每个小组的情况进行了解和个别指导,及时关注学生讨论的思路是否正确。讨论时间结束后,教师随机抽取小组代表讲解本组的讨论结果,并对大家的观点进行总结和内容补充,从而多角度、多维度开拓学生的思路。

板块三:课程作业分享交流板块。随机抽取学生对课前完成的作业成果进行分享汇报,教师在学生展示完毕后及时点评,形成良好的师生课堂交流互动氛围。

（2）课中学法

学生通过老师重点难点讲解,可以提出问题。针对就教师讲的某个观点或问题,组长负责组织小组讨论,梳理讨论结果发言,并分享汇报课前作业。

（3）评价方式

课堂交流互动表现、问题任务完成情况。

（4）课中学案

【课堂讲授】

创设情境:2020 年 10 月 27 日,中国·山东国际苹果节。由中国农业大学、辽宁省果树科学研究所、山东省果树科学研究院、青岛市农科院、威海市农科院组成的专家组对蓬莱马格庄镇刘家旺村张玉清女士管理的连续高产果园进行论证。果园面积约 3.8 亩,每亩果园种植苹果树 32 株,大树树龄 21 年,栽培品种为烟富 3。采用"高技术、高投入、重管理"的果园管理措施,保持树势中庸,主枝分布均匀,着果合理负载,全树果实套袋。连续 7 年来,平均亩产在 9 000 kg 以上,85 mm 果比例 92% 以上。

引入:要保持树势中庸,那么如何检验评价呢?果树的树势是生产管理的主要依据,正确判断树势的强弱,是合理落实管理措施的基础。树势的强弱,一般可根据枝、叶、芽的生长情况判断。

学生在课前已经通过提问与实验进行了学习探究;已经明确了果树树体结构及各部分的名称,熟悉果树枝芽叶的类型和特点,了解和熟悉各种果树的生长结果特点,了解到果树树体结构和枝芽特性直接影响到果树生长结果规律、产量、品质和栽培管理技术。学生还需要重点掌握以下几个问题。

1. 生产应用——果树芽的特性和整形修剪的关系

（1）芽的异质性应用

在果树的整形修剪过程中，经常利用芽的异质性来调节树体的生长和结果。在选留、培养骨干枝和更新复壮结果枝组的生长结果能力时，常常选用壮枝、壮芽作为剪口枝或剪口芽。

对修剪反应敏感的品种，为提高其坐果率，往往在瘪芽或春、秋梢交界的轮痕处进行缩剪。

为提高芽的质量，可采取夏季摘心的办法，减缓顶芽对侧芽的抑制作用，延缓新梢的生长强度，促进叶芽发育充实饱满，花芽发育完善，利于抽生新枝和开花坐果。

正确了解和利用芽的异质性，维持和调节果树的生长与结果以及各个主枝与整体的平衡关系，是果树整形修剪中不可忽视的技术措施。

（2）萌芽力成枝力应用

萌芽力和成枝力均强的品种易于整形，但枝条过密，修剪时多疏少剪，防止郁闭。萌芽力强而成枝力弱的品种，易形成中短枝，但枝量少，应注意短剪，促其发枝。

2. 生产应用——果树的枝条和整形修剪有何关系

（1）秋梢组织不充实，抗寒力差，成花能力弱，但有些品种在有的年份，秋梢也可能形成花芽。所以，在生产中多采取促春梢、控秋梢的技术措施。整形修剪时，为抑制树体旺长，促其分生短枝，常在春秋梢交界的瘪芽处进行剪截，即"带帽"修剪。

（2）营养枝 只生叶抽枝而当年不结果的枝条，称为营养枝，也称生长枝或发育枝。因其生长发育情况不同，又可分为徒长枝、叶丛枝、纤细枝和正常的发育枝。

①徒长枝。多由隐芽受到刺激后萌发而成。这种枝条生长势旺，直立性强，生长速度快，组织不充实，叶大而薄，节间长，枝体瘦。在幼树或初果期树上发生的徒长枝，消耗大量营养，破坏树势平衡，扰乱树形，多无利用价值，应及早疏除；如有空间时，也可控制利用；在衰老树上发生的徒长枝，可根据着生部位、有无空间等，决定控制利用还是疏除。有利用价值的，及早摘心促壮，用于更新树冠，或培养为结果枝组；无利用价值者，要及早疏除。

②纤细枝。多数由位置不当的弱芽萌发而成。枝条纤细、瘦弱，叶小而薄，芽尖而扁，组织不充实，更新能力差，长势弱，成花难，除少数可保留利用外，多余者应及早疏除。

③叶丛枝。枝条的长度多在 1 cm 以下，节间极短，莲座叶多，一般有叶 4～9 片，停止生长早，积累养分多，最易形成花芽，修剪时应注意保护。

④发育枝。芽体饱满，生长健壮，是构成树冠和发生结果枝的主要枝条。

（3）结果枝 着生花芽并开花结果的枝条。

根据其长短可分为长果枝、中果枝、短果枝、短果枝群和花束状结果枝等。

①长果枝。苹果、梨等果树上的长果枝，其长度在 15 cm 以上，具有顶花芽；桃、梅、李、杏等果树的长果枝，其长度在 30 cm 以上，半数以上的侧芽是花芽，特别是以长果枝结果的品种，修剪时应注意保护利用。

②中果枝。长度因树种、品种而不同：苹果、梨等果树的中果枝，长度为 6～15 cm；桃、杏等果树的中果枝，长度为 11～25 cm。

③短果枝。苹果、梨等果树的短果枝，长度在 5 cm 以下；李、杏等果树的短果枝，长度在 10 cm 以下。果树的树龄越大，短果枝数量越多。苹果幼树和初果期树，以长、中果枝结果为主，进入盛果期的树以及长势弱的树，则以短果枝结果为主。修剪中应根据树种、树龄的不同，注意培养、保护和利用。

④短果枝群。短果枝群是短果枝结果后又连续分枝而形成的群状短果枝，也是苹果、梨特有的结果枝。短果枝群的结果能力，一般为 4～7 年。修剪时应注意更新复壮，延长结果年限。

⑤花束状结果枝。此种结果枝的长度，仅为 1～2 cm。顶芽多为叶芽，枝上密生花芽，开花时形似花束，是桃、梅、李、杏、樱桃等核果类果树特有的一种结果枝。此种果枝随树龄的增大和树势的减弱而增多，连续结果年限只有 1～2 年。

3. 叶面积指数和叶幕结构与树冠光合效率的关系

叶面积指数是反映果树群体生长状况的一个重要指标，其大小直接与最终产量高低密切相关。在一定的范围内，果树的产量随叶面积指数的增大而提高。当叶面积指数增加到一定的限度后，叶幕太厚，果园郁闭，光照不足，光合效率减弱，产量反而下降。苹果园的最大叶面积指数一般不超过 5，能维持在 3～4 较为理想。如盛果期的红富士苹果园，生长期亩枝量维持在 10 万～12 万条，叶面积指数基本能达到较为适宜的指标。因此，高产栽培首先应考虑获得适当大的叶面积指数。

针对上面中国·山东国际苹果节案例，以及重点掌握的几个问题，面对果园管理要达到这样的高产优质，重点讨论以下几个问题，考查同学课前学习效果。

问题 1：什么样的树相才能保证果园高产优质？从上面案例中得到启发，怎样才能建立一个优质高产的树体枝芽和叶幕结构？

问题 2：如何保证枝条年周期中合适的生长量？

问题 3：在果树种质资源、砧木、土、肥、水管理、生长发育研究等方面都离不开果树营养器官植物学特征、生长发育规律调查，那么如何进行调查呢？

【交流讨论】

分组讨论以上问题，教师随机抽取小组代表讲解本组的讨论结果，教师总结。

【课程作业分享交流】

随机抽取学生对课前完成的作业成果进行分享汇报，教师在学生展示完毕后及时点评。

课 后 任 务

课后学生巩固学习

（1）课后教法

课后阶段主要分为知识巩固和反馈两个部分。一是教师通过微信群和平台进行师生之间的课后交流，收集学生课上不明白的知识点和课后作业中的疑惑点，对学生进行有针对性的分类指导或"一对一"指导;课后学生修改完善作业,提交成果,教师批阅评价。二是针对作业成果给予学生完成情况的反馈,给出具有建设性的意见,鼓励创新的展示方式。收集优秀学生作业,上传到微信群或平台供学生相互借鉴和学习,教师根据学生制作成果和展示情况进行综合评分,并将其作为学生平时成绩的一部分。

(2)课后学法

学生总结每次课程的学习情况,并将各个板块、环节的学习心得和建议反馈到平台互动交流区。

(3)评价方式

作业得分、学习心得和建议得分。

(4)课后学案

【自我检测作业】

(1)解释概念:芽的异质性、萌芽力、成枝力、潜伏力、芽的早熟性、芽的晚熟性、顶端优势、层性现象、叶面积指数、叶幕、营养枝、结果枝、果台副梢。

(2)列出苹果、梨、桃、李子、葡萄等树种的枝芽类型。

(3)果树芽的主要特性? 果树枝的主要特性?

(4)顶端优势、垂直优势、层性等特性和规律表现,对果树整形、修剪、肥水管理等有何指导作用。

(5)萌芽力、成枝力、早熟性、晚熟性、异质性对果树整形、修剪、肥水管理等有何指导作用。

板书设计见图3-8。

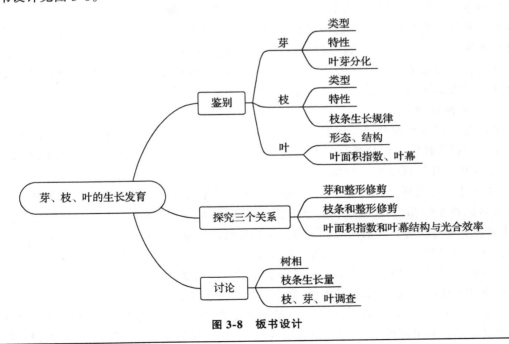

图3-8　板书设计

9. 课程评价

课堂交流互动表现、课前任务完成情况,课后作业得分、学习心得和建议得分等综合评价。

10. 思考题

(1)如何调控果树枝条的生长?

(2)分析果树枝芽生长特性与整形修剪的关系?

(3)为什么说叶面积指数是果树生产能力的重要指标?

(4)叶面积指数高低对果树生产有何影响?

(5)为什么说适当的叶幕厚度和叶幕间距是果树合理利用光能的基础?

11. 教学反思

教学设计采用了理论学习与实验探究相结合的形式,在具体教学过程中,通过创设情境引入任务并迁移渗入课堂中。通过实验探究,掌握果树树体结构和枝芽特性、果树树冠体积及叶面积指数的测定,充分调动学生的主动性,帮助学生理解果树枝、芽、叶的生长和发育。在课堂具体教学过程中,教师针对重点、难点知识,以及学生遇到的共性问题进行讲授,通过案例发起讨论,检查同学课前学习效果以及课堂内容掌握情况,是否达到融会贯通。本节课设计内容较多,学生掌握起来有一定困难,要达到教学效果,需要加强课前学习辅导,提高课前学习效果。

三、花芽分化及其调控教学设计

1. 教材分析

本节课内容选自《总论》中第三章第三节花芽分化及其调控。本节内容属于果树栽培学课程基础理论部分,本节中果树花芽分化是基本理论知识。教材用较大篇幅介绍了果树花芽分化概念和意义、花芽分化过程、花芽分化机理学说及影响因子和调控途径等,这些内容是第二章果树生命周期中童期(幼树期)向成年期转变的进一步阐述。在教学中要加强对童期或幼年期成花和年周期中保证稳产的内涵和外延的揭示与领会,分析影响果树成花的因素并运用栽培技术调控。另外,通过实验对花芽分化不同阶段的花器分化情况的观察,加深和验证课堂讲授的内容。为落实好花芽分化及其调控的内容,教师要依据教材内容详细讲解,另外要深入探讨该领域最新研究成果,培养学生的国际视野、创新思维和科研能力。

2. 教学内容分析

果树器官的生长发育是果树栽培学课程主要的基本理论知识,本节内容属于基础理论部分。本节知识按具体知识分类属于术语知识和过程性知识,果树花芽分化、花诱导、花发端、形态分化、生理分化等属于术语知识,是果树学领域的基本语言。果树花芽分化过程属于过程性知识,是描述果树花芽分化发生、发展过程的知识。按抽象知识分类本节内容属于概括性知识和有关学说模型的知识,包括果树花芽分化相关规律、原理,以及包括花芽分化的机理提出过程、主要内容和评价等方面的内容。花芽分化是果树由营养生长向生殖生长转变的生理和形态标志。这一全过程由花芽分化前的诱导阶段及之后的花序与花分化的具体进程所组成。花芽分化的变化规律与果树树种、品种的特性及其活动状况有关,还与外界环境条件以及农业技术措施有密切的关系。因此,掌握其规律,并在适当的农业技术措施下,充分满足花芽分化对内外条件的要求,使果树结束童期(幼树期),每年有数量够和质量好的花芽形成,对提高产量具有重要的意义。通过本节课的学习,学生掌握花芽分化、花诱导等概念;了解不同种类果树花芽分化类型、时期和过程;系统解释决定和影响果树花芽分化的理论知识以及调控途径;阐述花芽分化的机制;也为后面第四节开花、坐果和第九章花果管理所采取的栽培技术措施提供理论解释。

通过本节学习,学生将为进一步学习第九章花果管理打下坚实基础。本节知识框架参见图3-9。

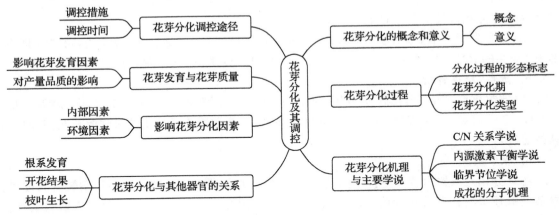

图 3-9　知识框架

3. 教学目标分析

(1)知识目标　熟悉掌握果树花芽分化有关概念、掌握不同树种花芽分化类型并熟悉其主要特点;掌握花芽分化过程,熟悉影响花芽分化的因素并能调控。

(2)能力目标　自主学习逐层深入,以花芽分化为题初步学会撰写科学研究方案。通过对花芽分化不同阶段的花器分化情况的观察,加深和验证课堂讲授的内容,学会花芽分化的徒手切片及镜检技术。

(3)素养目标　塑造良好的职业道德,具备细致、实干、有责任心、吃苦耐劳等职业素质。

(4)课程思政目标　培养学生的事业心和责任感、艰苦奋斗精神和务实作风。

思政目标实施过程:通过学习花芽分化科研案例资料,引导学生领悟科研工作者艰苦奋斗精神和务实作风。

基于布鲁姆认知领域六层次学习目标分析参见图3-10。

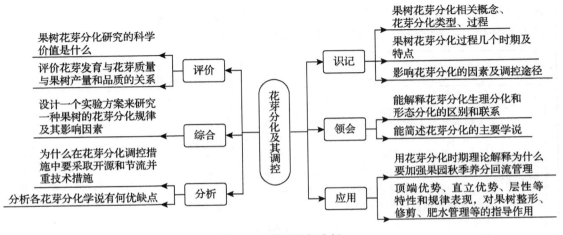

图 3-10　学习目标分析

4. 学情分析

（1）知识方面　本节课是在学生学习了第二章生命周期中如何缩短童期后的内容，学生已经掌握了果树从童期（或幼树期）向成年期过渡（具备开花潜能）需要一定时间和条件，也掌握了促进果树成花的一些知识。同时对果树的根系、芽、枝、叶特性及生产应用有了一些了解，对本节课花芽分化调控的学习打下了一定基础。

（2）能力方面　学生探究学习能力和资料收集能力比较强，并且通过以上章节内容的学习训练，激发了学生的学习兴趣，学生通过小组合作学习、实验，每个人找到了存在感，并提升了学习兴趣。

5. 重点、难点分析

（1）教学重点　花芽分化概念、分化过程；花芽分化影响因素及调控途径；花芽分化机理及学说。

（2）教学难点　分析花芽分化时期的确定和过程，能运用花芽分化的机理解析花芽分化的调控途径。

6. 教学模式

花芽分化是果树由营养生长向生殖生长转变的过程，也是由幼树期向结果期转变的过程。本节在概述果树花芽分化的内涵、过程、机理学说的基础上，对影响花芽分化的因素和调控途径进行重点阐述，以巴特勒的自主学习模式来设计教学活动。

7. 教学设计思路

依据巴特勒的自主学习模式，进行教学思路设计。

8. 教学活动设计

课 前 准 备
教法：预先在雨课堂发给学生课件及讲义等、介绍花芽分化当前生产和研究热点及重点、提供电子学习资料；通过问答法完成课前在线指导，并对学生学习情况进行检查。 **学法：**课前完成预习；通过自主学习法，完成自测题上传雨课堂或微信群。 **课前检测题：**认知性问题 （1）名词解释：花芽分化、生理分化、形态分化、花芽形成、花诱导、花孕育。（2）研究果树花芽分化的意义是什么？（3）果树花芽分化过程分为哪几个时期？（4）果树花芽分化各期有何特点？（5）果树花芽分化类型有哪些？举例说出哪些树种分属这些类型。（6）影响花芽分化的因素有哪些？（7）简述果树大小年结果现象的发生原因和调控措施。（8）简述花芽分化的主要学说？（9）调控花芽分化的途径有哪些？

课 堂 教 学			
教学环节	教师活动	学生活动	设计意图
设置情境 抛出问题	【情境导入】展示果树开花图片，回顾果树生命周期，让大家明白果树具备开花潜能，果树幼树期（童期）结束。 【问题抛出】教师继续抛出问题：那么叶芽怎么由生理组织状态转化为花芽的生理组织状态？果树花芽是如何孕育的？花芽分化过程如何？花芽分化的时间及时期是如何划分的？如何调控花芽分化，才能保证早果、丰产、稳产和优质？本节课将一一为大家解答。	学生认真观看图片并认真听老师讲述的内容，思考达到什么样的条件果树才能开花？	教师从学生已有的生活经验出发，通过提问、讲解方式导入新课

续表

教学环节	教师活动	学生活动	设计意图
激发动机	【实验展示】演示葡萄、苹果等果树花芽分化切片图片，结合教材中仁果类、核果类等花芽分化过程示意图，教师提问请学生说出花器官形成顺序。学生思考并回答。教师进一步追问：叶芽狭小光滑的生长点在什么情况下开始肥大隆起呈一扁平半球体？在半球体形成后花芽分化能否按部就班地继续分化下去，一直到雌雄配子形成？哪个时期是花芽分化关键时期（花芽分化临界期）？	集中注意力，认真听讲。同时思考叶芽是如何转为花芽的？	教师要以学生为中心，通过演示实验，引导学生观察，启发学生思考，加深学生理解，从而激发学生的学习兴趣。使学生更加直观、生动地理解记忆
组织教学	【讲解】知识点1：果树花芽分化时期及特点 (1)分化时期：①生理分化期：形态分化初期的前1～7周；②形态分化期：生长期，如苹果6—9月；③花粉和雌配子分化形成期：休眠期，花前。 (2)分化时期的几个特点：①花芽分化的相对集中性和稳定性；②花芽分化的差异性；③花芽分化有临界期；④花芽分化的不可逆性。 【提问】如何确定花芽分化开始时间？ 知识点2：果树花芽分化类型 根据果树种类不同，花芽分化可分为以下四种类型： (1)夏秋分化型：花芽分化一年一次，在6—9月进行。这类植物的多数在秋末花芽已具备各种花器官前始体，只有性细胞的分化在冬春完成，春季开花，如苹果、梨、桃等。 (2)冬春分化型：已具备各种花器官前始体，只有性细胞的分化在冬春完成，春季开花。这种分化类型的植物是一类原产温暖地区的常绿果树和观赏树木，如柑橘类的许多种类在12月至第二年3月进行花芽分化，分化时间短，连续进行，春季开花。 (3)多次分化型：一年中多次发枝，每次枝顶均能成花，枣、四季橘等果树是多次分化型。 (4)不定期分化型：每年只分化一次花芽，但因栽培季节不同而无一定时期，播种后只要植株达到一定叶面积就能成花。如果树中的凤梨科和芭蕉科的一些植物。 知识点3：影响花芽分化的因素及调控途径 (1)影响因素：①内部因素。遗传因素、与营养生长的关系、有机营养、内源激素。②外部因素。光照、温度、水分、土壤养分等。 (2)花芽分化的机理及主要学说： ①碳氮比学说；②内源激素平衡学说；③临界节位学说；④成花的分子机理。	认真听讲，不断思考、回答教师抛出的问题	教师发挥主导作用，从课本知识点入手应用板书和PPT图片，结合生产实践，详细讲解花芽分化的过程和时期，使学生在教师引导下发现探究问题所在；有助于学生理解，也使抽象的知识形象化

续表

教学环节	教师活动	学生活动	设计意图
组织教学	（3）调控途径 ①调控时间：在花芽生理分化期或之前进行调控。 ②调控途径（手段）：平衡果树生殖生长与营养生长；改善光照条件；加强土肥水管理；应用生长调节剂。 【提问】果树大小年结果现象的发生原因和调控措施。 （1）发生原因：营养和激素两个方面。 大年树，由于开花结果量多，消耗树体营养多，同时种子产生赤霉素也多，赤霉素为抑花激素，导致当年花芽形成少，即第二年为小年； 小年树，由于开花结果量少，消耗树体营养少，同时种子产生赤霉素也少，导致当年花芽形成多，即第二年为大年。 （2）调控措施：大年树，疏花疏果，加强土肥水管理，适当应用促花激素； 小年树，尽量保花保果，适当控制肥水供应，应用抑花激素。		
应用新知练习	【教师出题】果树早果、稳产的目标是什么？能否应用现在栽培技术和育种手段达到果树早果、稳产？为什么？	思考、回答	考查学生对新知识的理解运用能力
检测评价	【知识梳理】教师将学生分组，组织学生梳理本节课知识流程，并从每组选出一个代表汇报；教师最后总结。	每组用思维导图梳理出知识点。学生参与交流，思考、回答	通过让学生梳理本节课所学，教师从学生回答中判断其是否能将知识归纳整合，从而能够作出评价并查漏补缺

课 后 任 务

巩固练习	【检测题】 （1）花芽分化生理分化和形态分化的区别和联系是什么？（2）用花芽分化时期理论解释为什么要加强果园秋季养分回流管理？（3）为什么在花芽分化调控措施中要实现开源和节流并重技术措施？ （4）花芽分化碳氮比学说有何优缺点？（5）设计一个试验方案研究一种果树的花芽分化规律及其影响因素。（6）果树花芽分化研究的科学价值是什么？	完成作业	花芽分化相关理论知识是最重要的基础，在教学中，要举一反三加深学生对概念的理解
拓展迁移	1. 科研案例：教师给学生上传花芽分化研究案例，或学生自己查阅资料，学习科研工作者艰苦奋斗精神和务实作风，获得感悟，开阔视野。	自学，提交花芽分化研究现状与前景作业	开阔学生科学视野，提高学生科学素养

板书设计见图3-11。

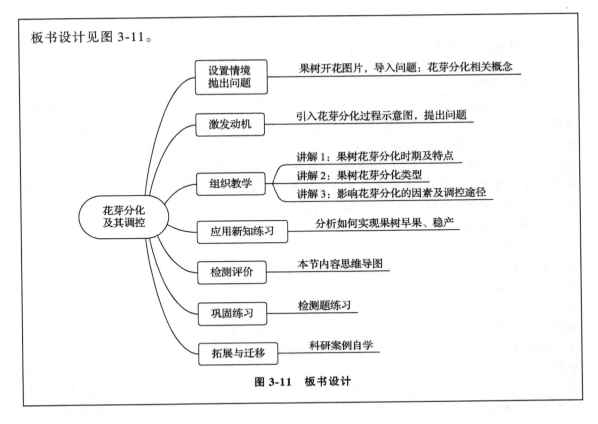

图3-11　板书设计

9. 教学评价

（1）过程性评价　课前信息平台访问次数、课程预习情况、课前测试。课中讨论表现、回答问题等。

（2）课后作业评价　根据课后任务中的检测题进行评价。

10. 思考题

（1）分析花芽分化几种学说机理。

（2）如果当地某果树多年不开花结果，或开花结果少，请分析可能的原因？ 如何做能使果树连年开花结果？

（3）请设计一个实验研究某一果树的花芽分化规律（从实验目的意义、试验方案设计、检测、报告等方面综合评价）。

（4）生产上出现花器官发育不完善的情况，请从花芽发育方面分析可能原因，并给出相应的解决方法。

（5）分析花芽分化与枝叶生长和开花结果之间的关系？

11. 教学反思

花芽分化相关理论知识是重要的基础。在教学中，通过课前理论知识自学、课中讲解分析及实验结果演示，课后科学研究实验方案设计，举一反三加深学生对本节内容的理解和学习。学生加强了基本理论的学习，通过教学创新与实践，落实和提高了教学中的"高阶性、创新性、挑战度"。但也存在有些同学学习主动性不强，有些同学学习能力偏弱等问题，如何提升学生综合素养，培养良好的主动学习习惯是今后教学中需要解决的问题。

四、开花、坐果与果实发育教学设计

1. 教材分析

本节课内容选自《总论》中第三章第四节开花、坐果与果实发育。本节内容属于果树栽培学课程基础理论部分。本节从基础知识角度大致划分为开花、坐果、果实发育基本概念及其基础理论。本节中果树开花、授粉受精、坐果与落果、果实的生长与发育、果实品质形成是第九章花果管理的理论基础。本节是按照开花、坐果和果实发育的生命活动顺序的逻辑关系编写的。教学过程中要在熟悉开花、坐果和果实发育相关概念基础上,解释影响授粉受精的因素,分析决定和影响果实生长发育的理论知识以及调控途径。

2. 教学内容分析

果树器官的生长发育是果树栽培学课程主要的基本理论知识,本节内容属于基础理论部分。本节知识按具体知识属于术语知识和过程性知识,有效授粉期、雌雄异熟、雌雄不等长、自交和异交的亲和性、自交不亲和、单性结实、自发单性结实、刺激性单性结实、无融合生殖、坐果、果实生长型、果实成熟等属于术语知识,是果树学领域的基本语言。果树开花、坐果与果实发育属于过程性知识,是描述果树开花、坐果和果实发育发展过程的知识。按抽象知识分类,本节内容属于概括性知识,包括果树开花、坐果与果实发育相关规律、原理,以及包括影响果实发育和品质形成等方面的内容。果树开花、坐果与果实发育与果树树种、品种的特性及其活动状况有关,还与外界环境条件以及农业技术措施有密切的关系。因此,掌握其规律,并在适当的农业技术措施下,充分满足果树开花、坐果与果实发育对内外条件的要求,对实现果树栽培目标具有重要的意义。通过本节课的学习,学生掌握有效授粉期、雌雄异熟等概念;系统解释决定和影响果树开花、坐果与果实发育理论知识以及调控途径,并为后面第九章花果管理所采取的栽培技术措施提供理论解释。本节知识框架参见图 3-12。

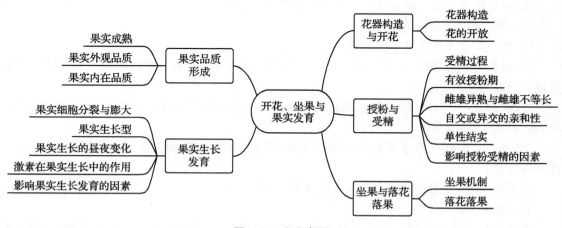

图 3-12　知识框架

3. 教学目标分析

(1) 知识目标　熟悉掌握果树开花、坐果和果实发育有关概念;熟悉开花、坐果和果实发育有关机理;掌握授粉受精、果实生长发育过程,熟悉开花、坐果和果实发育的影响因素并能调控。

（2）能力目标　通过自主学习逐层深入，学生能制订诱导果实无核化技术方案、提高坐果率的栽培技术方案和提高果实品质的栽培技术方案。

（3）素养目标　塑造良好的职业道德，具备细致、实干、有责任心、吃苦耐劳等职业素质。

（4）课程思政目标　让学生了解果树学中的"规律原理、人与自然的关系原理"。

思政目标实施过程：在课程内容讲解中，让学生理解开花、坐果与果实发育规律，以及通过栽培措施可以促进实现果树栽培目标。

基于布鲁姆认知领域六层次学习目标分析参见图3-13。

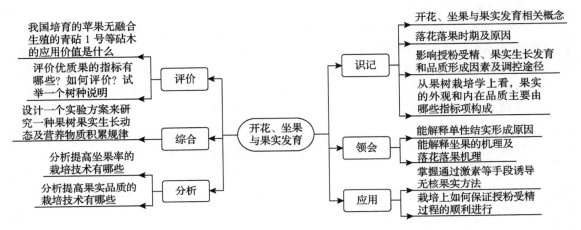

图 3-13　学习目标分析

4. 学情分析

（1）知识方面　本节课学习之前，学生已经学习了植物学课程的内容，已掌握了植物开花、坐果与果实发育的一些知识，同时对果树的根系、芽、枝、叶特性及生产应用有了一些了解，这对本节课学习提高果实坐果率和果实品质形成调控打下了一定基础。

（2）能力方面　学生探究学习能力和资料收集能力比较强，并且通过以上章节内容的学习训练，激发了学习兴趣，通过小组合作学习、实验，每个人找到了存在感，也提升了学习兴趣。

5. 重点、难点分析

（1）教学重点　开花、坐果与果实发育相关概念；果实坐果、果实发育机理等；影响开花、坐果与果实发育因素及调控途径。

（2）教学难点　运用开花、坐果与果实发育相关概念和机理解析其调控途径。

6. 教学模式

果树栽培的目标就是让人们吃到香甜可口的果品，满足人们对水果的需求。本节在概述开花、坐果和果实发育相关概念基础上，解释影响授粉受精的因素；系统分析决定和影响果实生长发育的理论知识以及调控途径。本节共2学时，主要采用巴特勒的自主学习模式讲解。

7. 教学设计思路

依据巴特勒的自主学习模式进行教学思路设计。

8. 教学活动设计

<table>
<tr><td colspan="2" align="center">课 前 准 备</td></tr>
<tr><td colspan="2">

教法：预先在雨课堂发给学生课件及讲义等、介绍开花、坐果与果实发育当前生产和研究热点和重点、提供电子学习资料；通过问答法完成课前在线指导，并对学生学习情况进行检查。

学法：课前完成预习；通过自主学习法，完成自测题上传雨课堂。

课前检测题：认知性问题

（1）名词解释：有效授粉期、雌雄异熟、雌雄不等长、自交和异交的亲和性、自交不亲和、单性结实、自发单性结实、刺激性单性结实、无融合生殖、自花授粉、自花结实、异花授粉、异花结实、坐果、果实生长型、果实成熟、果形指数。（2）果树（以苹果为例）落花落果的时期和原因是什么？（3）果实生长类型呈双S形的主要有哪些果树？果实生长类型呈单S形的有哪些果树？（4）从果树栽培学上看，果实的外观和内在品质主要由哪些指标构成？（5）影响果实品质形成的因素有哪些？（6）影响开花的因素有哪些？（7）造成花粉、胚囊败育的主要因素有哪些？（8）影响授粉受精的因子有哪些？栽培上如何保证授粉受精过程的顺利进行？

</td></tr>
</table>

<table>
<tr><td colspan="4" align="center">课 堂 教 学</td></tr>
<tr><td>教学环节</td><td>教师活动</td><td>学生活动</td><td>设计意图</td></tr>
<tr>
<td>设置情境
抛出问题</td>
<td>【情境导入】果树促农民增收的新闻报道。
【问题抛出】教师继续抛出问题：那么果实或种子是怎么由花转化的？本节课我们将重点讲解开花、坐果与果实发育基本理论及调控措施。即果树开花的条件是什么？如何完成授粉受精过程？花受精后如何保证高的坐果率？如何调控果实生长和品质形成？本节课将为大家一一解答。</td>
<td>学生认真观看图片并认真听老师讲述的内容，思考达到什么样的条件果树才能开花？</td>
<td>教师从学生已有的生活经验出发，通过提问、讲解的方式导入新课</td>
</tr>
<tr>
<td>激发动机</td>
<td>【情境融入】展示不同水果果实照片，教师要求同学们说出自己喜爱的水果有哪些？
【设疑提问】那么果树生殖器官的发育进程是什么？开花、坐果与果实发育的机理和条件是什么？</td>
<td>集中注意力，认真听讲。同时思考叶芽是如何转化为花芽的？</td>
<td>教师以学生爱好情境融入，引导学生观察，启发学生思考，从而激发学生的学习兴趣</td>
</tr>
<tr>
<td>组织教学</td>
<td>【讲解】知识点1：花器官的构造与开花
（1）不同果树花器官的构造
（2）不同果树的开花期
【提问】雌雄配子形成的时间和条件是什么？生产上有的树种出现花粉和胚囊败育不能结果的原因是什么？
知识点2：授粉受精的过程及影响因素
（1）授粉受精过程
（2）解释有效授粉期、雌雄异熟和雌雄不等长、自交和异交的亲和性、单性结实、无融合生殖
（3）影响授粉受精的因素</td>
<td>认真听讲，不断思考、回答前面教师抛出的问题</td>
<td>教师发挥主导作用，从课本知识点入手，应用板书和PPT图片，结合生产实践，详细讲解花芽分化的过程和时期，使学生在教师引导下发现探究问题所在，有助于学生理解，也使抽象的知识形象化</td>
</tr>
</table>

续表

教学环节	教师活动	学生活动	设计意图
组织教学	【提问】雌雄异熟和雌雄不等长、自交和异交的亲和性、单性结实、无融合生殖的机理是什么？ 知识点3：坐果和落花落果 (1)坐果的机制 (2)落花落果的规律及原因 知识点4：果实生长发育与品质形成 (1)果实细胞分裂与膨大、果实品质构成 (2)影响果实生长发育的因素及调控途径 (3)影响果实品质形成的因素及调控途径 【提问】(1)评价优质果的指标有哪些，如何评价？试举一个树种说明。(2)提高果实品质的技术措施有哪些？		
应用新知练习	【教师出示题目】(1)我国培育的无融合生殖的砧木有哪些？其应用价值是什么？推广应用情况如何？ (2)生产无核果实的途径有哪些？其技术要点是什么？	思考、回答	考查学生对新知识的理解运用能力
检测评价	【知识梳理】教师将学生分组，组织学生梳理本节课知识流程，并从每组选出一个代表汇报；教师最后总结。	每组用思维导图梳理出知识点。学生参与交流，思考、回答	通过让学生梳理本节课所学，教师从学生回答中判断其是否能将知识归纳整合，从而能够作出评价并查漏补缺

课 后 任 务

| 巩固练习 | 【检测题】
(1)说出开花、坐果与果实发育的相关概念。
(2)解释单性结实形成原因。(3)如何通过激素等手段诱导无核果实？(4)提高坐果率的栽培技术有哪些？(5)提高果实品质的栽培技术有哪些？(6)设计一个实验方案来研究一种果树果实生长动态及营养物质积累规律。 | 完成作业 | 花芽分化相关理论知识是最重要的基础，在教学中，要举一反三，加深学生对概念的理解 |
| 拓展迁移 | 科研案例：教师为学生上传单性结实、无融合生殖、自交或异交不亲和研究案例，让学生学习，获得感悟，开阔视野。 | 自学，完成单性结实、无融合生殖研究及展望作业 | 开阔学生科学视野，提高学生科学素养 |

板书设计见图 3-14。

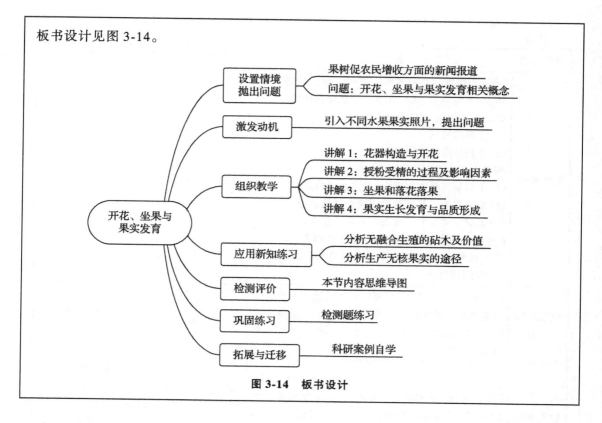

图 3-14　板书设计

9. 教学评价

（1）过程性评价　课前信息平台访问次数、课程预习情况、课前测试。课中讨论表现、回答问题等。

（2）课后作业评价

10. 思考题

（1）分析无融合生殖的研究及其应用。

（2）分析果实品质形成的机理。

（3）请设计一个实验研究葡萄的无核化处理技术（从实验目的意义、实验方案设计、检测、报告等方面综合评价）。

（4）某果园在开花时出现同一树种开花不整齐的现象，请从环境因子分析可能原因，并给出相应的解决方法。

（5）若想生产优质果品，你认为应用哪些关键技术措施方可实现？

11. 教学反思

通过线上学习与课堂学习，在讲述相关概念基础上，解释影响授粉受精的因素；系统分析决定和影响果实生长发育的理论知识以及调控途径；通过研究方案设计和研究案例巩固扩展学习，学生获得了感悟，开阔了视野。在学习中，学生不善于主动关注最新科研和生产动态，对知识面的拓展重要性认识不够，要在今后的教学中解决前沿知识如何有机融入，如何提高学生的学习兴趣等问题，要潜移默化地让学生养成关注行业生产和科研发展动态的学习习惯。

五、器官间生长发育相互关系教学设计

1. 教材分析

本节课内容选自《总论》中第三章第五节果树器官间生长发育的相互关系。本节属于理论知识。果树各器官之间存在着相互联系，某一部分或某一器官的生长发育能影响另一部分或另一器官的生长发育，呈现出相互促进或相互抑制的相关性。这种相互依赖又相互制约的关系，是植物果树整体性的表现，是对立统一的辩证关系。本节内容在本章前四节的基础上对地上和地下、营养器官和生殖器官之间进行综合分析，并阐述了果树营养分配特点和产量形成等内容。为落实好本节教学，教师要依据教材详细讲解，还要深入探讨该领域的研究成果，培养学生的创新思维和科研能力。

2. 教学内容分析

果树器官的生长发育是果树栽培学课程主要的基本理论知识。本节内容属于基础理论部分。本节知识按具体知识属于术语知识和功能性知识。源、库、经济产量等属于术语知识，是植物学领域的基本语言；果树各器官间相互关系属于功能性知识，是描述器官间功能、作用、意义的知识。按抽象知识分类，本节内容属于概括性知识，包括果树器官间相互关系的相关规律。本节教学重点阐述有机营养与产量的关系，解析产量构成的因素，为后面栽培技术讲解提供理论基础。本节知识框架图见图3-15。

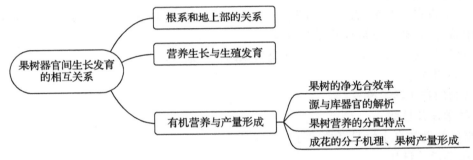

图3-15　知识框架

3. 教学目标分析

（1）知识目标　熟悉产量、源、库概念，能够分析果树营养的分配特点，能够解释根系与地上部、果树营养器官和生殖器官之间的关系，能够推导影响产量形成的因素并能够运用栽培技术调控。

（2）能力目标　通过自主学习逐层深入，以库源关系为题学会撰写科学研究方案。

（3）素养目标　塑造良好的职业道德，具备细致、实干、有责任心、吃苦耐劳等职业素质。

（4）课程思政目标　在尊重自然规律前提下，充分发挥人的主观能动性，提高产量；推进"尊重自然、顺应自然、保护自然，站在人与自然和谐共生的高度谋划发展"。

思政目标实施过程：在产量形成解析中，通过分析引导学生思考在尊重自然前提下，充分发挥人的主观能动性以利于提高产量。

基于布鲁姆认知领域六层次学习目标分析参见图3-16。

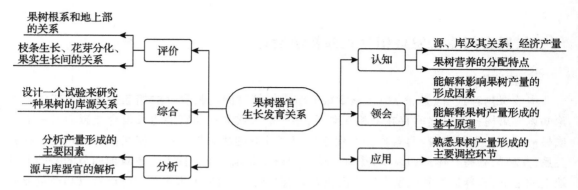

图 3-16　学习目标分析

4. 学情分析

（1）知识方面　本节课是在学生学习了本章前四节内容,在已经掌握了果树营养器官、生殖器官特性、生长发育影响因素及其调控途径等知识的基础上而学习的新知识,是对前四节内容的总结和延伸。

（2）能力方面　学生学习探究能力和资料收集能力比较强,并且通过以上章节内容的学习训练,激发了学习兴趣,学生通过小组合作学习、实验,每个人找到了存在感,也提升了学生的学习兴趣。

5. 重点、难点分析

（1）教学重点　产量、源和库的概念;根系和地上部、营养器官和生殖器官的关系;果树营养的分配特点;果树产量形成及影响因素。

（2）教学难点　源与库器官解析;产量形成的调控途径。

6. 教学模式

巴特勒的自主学习模式。

7. 教学设计思路

依据巴特勒的自主学习模式进行教学思路设计。

8. 教学活动设计

课 前 准 备
教法:预先在雨课堂发给学生课件及讲义等、提供电子学习资料;通过问答法完成课前在线指导,并对学生学习情况进行检查。 **学法**:课前完成预习;通过自主学习法,完成自测题上传雨课堂。 **课前检测题:认知性问题** （1）名词解释:源、库、经济产量。（2）根系与地上部的关系是什么? （3）营养器官和生殖器官的关系是什么? （4）果树营养分配有哪些特点? （5）源器官和库器官之间存在哪些关系? （6）果树产量形成的条件有哪些?

课 堂 教 学

教学环节	教师活动	学生活动	设计意图
设置情境 抛出问题	【情境导入】果树生长、结果、更新、衰老不仅表现有序性,在这一过程中各种器官相互作用也表现出节奏性。器官的消长规律主要是由遗传性决定的,同时又受各种环境因素的影响。研究这些规律,有助于认识果实产量和质量的形成过程,以便科学地拟定管理技术措施。 展示树体根系和地上部图片或果园视频。 【问题抛出,导入新课】教师抛出问题:根系与地上部器官、地上营养器官与生殖器官是独立存在的还是有一定联系的? 是对立的矛盾体还是相互依存的关系? 每年果园输出的产量是由哪些因素决定的? 如何计算果园经济产量? 产量形成的环节有哪些? 本节课将一一解答。	学生认真观看图片并认真听老师讲述的内容,思考教师提出的问题	教师从学生已有的生活经验出发,通过提问、讲解方式导入新课
激发动机	【回顾旧知,设疑提问】 前面第三章我们学习了果树器官的生长发育,果树的营养器官有根、茎、叶,主要行使营养吸收、合成和运输等功能;果树生殖器官有花、果实、种子,有提供产品和繁衍后代的作用;营养器官和生殖器官生长发育过程中都需要光合产物,它们之间存在营养物质供求关系的矛盾;那么如何调节营养生长和生殖发育的矛盾是我们要关注的重要问题。 果树和其他绿色植物一样,可直接利用一部分太阳辐射能进行有机物质的合成,并把光能变成化学能贮藏于其中,这就是光合作用,也是果树产量形成的实质与原理。请同学们回忆光合作用的原理? 植物是怎样进行光合作用的? 引入产量计算公式,那么产量形成的因素有哪些?	集中注意力,认真听讲。回顾第三章和光合作用知识,积极回答	教师从狭义的产量计算公式入手,启发学生思考果树产量和光合作用的关系,从而激发学生的学习兴趣
组织教学	【讲解】知识点1:果树器官间生长发育的相互关系 (1)根系与地上部的关系 (2)营养器官和生殖器官的关系 (3)果树营养的分配特点 【讲解】知识点2:果树产量形成 (1)产量的概念及计算公式 (2)产量形成的影响因素:砧木和品种,树冠体积与果园覆盖率,干周、枝量和叶片,环境因素和农业技术。 【提问】光合对产量形成至关重要,那么果树光合作用与经济产量的关系是什么? 果树光合产物的给体和受体在不同生长阶段是哪些器官? 从源与库学说分析,为什么说光合产物的流向决定两个因素:库器官	认真听讲,不断思考回答前面教师抛出的问题	教师发挥主导作用,从课本知识点入手,应用板书和PPT图片,结合生产实践,详细讲解果树器官间生长发育的相互关系、果树产量形成、产量形成解析,使学生在教师引导下发现探究问题所在,有助于学生理解,也使抽象的知识形象化,同时引导学生思考"尊重自

续表

教学环节	教师活动	学生活动	设计意图
组织教学	强度和源与库的距离,即源与库两端的力矩决定光合产物的流动方向和数量? 在形成产量的过程中根系与地上部器官、营养器官与生殖器官存在什么样的关系? 养分又是如何分配的? 【讲解】知识点 3:产量形成解析 当一个果园的品种已确定时,要想提高果树的产量,核心问题是改善光合性能,即开源节流。(1)光合性能的改善主要靠外因来调节。如通过栽植方式、栽植密度、整形修剪等,以调节和扩大叶面积和改善光照;(2)通过土肥水管理,促进根系发育,既能促进叶面积的扩大,又能及时而充分地供应光合作用原料,提高光合强度,还能适当延长叶片寿命、增加光合时间;(3)通过疏花疏果、病虫防治等,可减少无效消耗,以增加营养积累;(4)通过人工调节和一定的控制措施等,可促进花芽形成和提高坐果率,以提高经济系数等。		然、顺应自然、保护自然,站在人与自然和谐共生的高度谋划发展"
应用新知练习	【教师出示题目】(1)分析果树经济产量形成的线路? (2)分析产量形成中的主要调控环节?	思考回答	考查学生对新知识的理解运用能力
检测评价	【知识梳理】教师将学生分组,组织学生梳理本节课知识流程,并从每组选出一个代表汇报;教师最后总结。	每组用思维导图梳理出知识点。学生参与交流、思考、回答	通过让学生梳理本节课所学,教师从学生回答中判断其是否能将知识归纳整合,从而作出评价并查漏补缺

课 后 任 务

巩固练习	【检测题】 (1)说出源、库、经济产量相关概念。(2)解释源库的关系。(3)提高果树产量的途径有哪些?(4)解析根系与地上部、地上部各器官之间的关系? (5)果树养分是如何分配的? (6)设计一个实验来研究一种果树的库源关系。	完成作业	有机营养与产量形成相关理论知识是最重要的基础,在教学中,要举一反三加深学生对概念的理解
拓展迁移	科研案例:教师给学生上传源库关系调控、产量形成相关科研资料,让学生学习,获得感悟,开阔视野。	自学	开阔学生科学视野,提高学生科学素养

板书设计见图3-17。

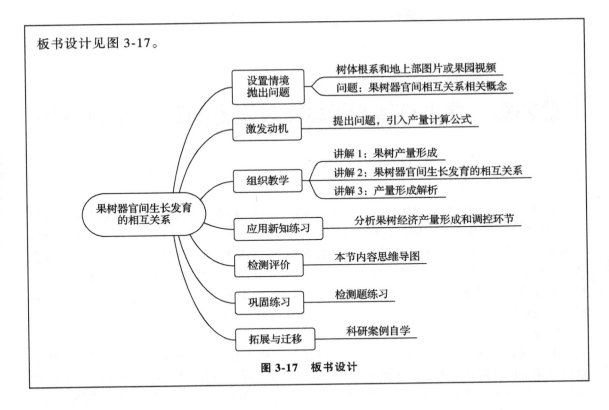

图 3-17 板书设计

9. 教学评价

（1）过程性评价 课前信息平台访问次数、课程预习情况、课前测试。课中讨论表现、回答问题等。

（2）课后作业评价

10. 思考题

（1）论述果树地上部分与地下部分生长的相关性，并写出生产中应用的控制根冠比的方法及其原理。

（2）分析源库关系变化对果树产量及果实品质的影响。

（3）生产中出现了一个果园产量很低，请分析可能的原因，并设计一个如何提高产量的方案。

（4）果树营养的分配特点有哪些？解析其与果树生长发育的关系。

（5）为什么说调控果树器官间生长发育的相互关系有助于果实产量和质量的形成？

11. 教学反思

本节内容仍然用自主学习教学模式，教师依据教材详细讲解，同时带领学生探讨该领域的研究成果，培养学生的创新思维和科研能力。经过前面的学习，学生慢慢习惯了新的教学模式，学习的主动性也增强了；也慢慢学会了思维导图梳理教学内容的方法，并且每个知识点都有扩展，有了自主思考，主动解决问题的意识。

第四章　生态环境对果树生长发育的影响教学设计

　　果树器官的生长发育,果树年周期和生命周期的正常通过,都是在一定的生态环境下进行的,果树优质丰产是同适宜的生态环境条件密不可分的。果树的生态环境是指其生存空间一切因素的总和,包括气候条件、土壤条件、地势条件、生物因子(含人为因素)。本章仅对气候条件、土壤条件作简要阐述。教学安排2学时,采用探究发现型教学过程设计。以生态环境和果树生长发育的关系引出问题,组织学生观察,设疑提问,引导思考,激发争辩,探究原因,分析特征,寻找解决问题的方法。

　　1. 教材分析

　　本节课内容选自《总论》中第四章生态环境对果树生长发育的影响。本章内容属于果树栽培学基本理论部分。本章内容属于果树生态学内容,按照教材内容选温度、光照、水分、土壤条件4个生态因子进行介绍。果树经常遭受的自然灾害和逆境伤害,主要由生态环境影响造成,本章学习将为第十章果园灾害与预防打下理论基础。

　　2. 教学内容分析

　　学习本章内容之前,学生已经知道了果树器官的生长发育,果树年周期和生命周期的正常通过,都是在一定的生态环境下进行的,果树优质丰产是同适宜的生态环境条件密不可分的。但在果树生长过程中,由于自然条件的不适宜,生长发育受到影响,轻者影响树势和产量,重者会使树体死亡。就本章内容来说,本章知识按具体知识分类属于功能性知识,描述生态环境因子对果树生长发育的作用;按抽象知识分类,本节内容属于概括性知识,各生态因子与果树生长发育存在内在的必然联系,这些规律特点在果树生命周期中能够不断地重复出现,在一定条件下经常起作用,决定着果树生长发育的必然趋势。因此,掌握其规律,并在适当的农业技术措施下,充分满足果树开花、坐果与果实发育对环境条件的要求,对实现果树栽培目标具有重要的意义。本节知识框架参见图4-1。

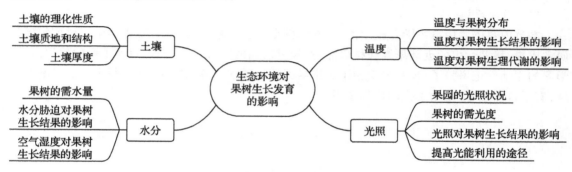

图4-1　知识框架

3. 教学目标分析

（1）知识目标　通过学习,学生能够解释生态环境和果树生长发育的关系;能够说出环境逆境不适合果树生长发育的原因;能够制订最适生态环境的选择方案。

（2）能力目标　能够对果树生长发育中受到的环境条件的影响进行推理判断,并提出最适合的环境条件是什么,能够在果树生产上因害设防。

（3）素养目标　通过生产条件分析,让学生感悟到知识的重要性,激发学生学习果树栽培的兴趣。

（4）课程思政目标　贯彻党的二十大"推动绿色发展,促进人与自然和谐共生"精神,推进美丽中国建设。

思政目标实施过程:讲到"适地适栽"时,引入《晏子春秋·内篇杂下》中"橘生淮南则为橘,生于淮北则为枳,叶徒相似,其实味不同。所以然者何? 水土异也。"融入唯物辩证的思想及人与自然的关系原理等。

引导学生树立保护自然的生态文明理念,决心在推进美丽中国建设中贡献自己的力量。学习目标分析参见图4-2。

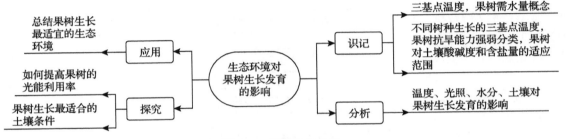

图4-2　学习目标分析

4. 学情分析

（1）知识方面　本章重点学习果树栽培的有关知识。学生在大二时已经学习了气象学和植物生理学,这些知识都是理解本章内容的基础。

（2）能力方面　大学生拥有更高的逻辑思维和推理能力,在具有了一定的理论知识的基础上,已经能够把自己所学到的一些理论知识应用于实践,能用理论去解释具体的客观现象。

5. 重点、难点分析

（1）教学重点　环境因子与果树生长发育关系。

（2）教学难点　环境因子与果树生长发育关系在生产上如何运用。

6. 教学模式

果树器官的生长发育,果树年周期和生命周期的正常通过,都是在一定的生态环境下进行的,果树优质丰产是同适宜的生态环境条件密不可分的。果树的生态环境是指其生存空间一切因素的总和。本章主要介绍气候条件和土壤条件。教学时数为2学时,采用探究发现型教学过程设计。以生态环境和果树生长发育的关系引出问题,组织学生观察,设疑提问,引导思考,激发争辩,探究原因,分析特征,寻找解决问题的方法。

7. 教学设计思路

围绕"生态环境和果树生长发育的关系"展开学习,通过生活中的情境导入新课,逐步引导学生分析问题、理解问题、解决问题。促进学生思维发展,优化学习结果。

以学生为主体,充分调动学生的好奇心和求知欲。提高学生学习专业课的兴趣,为后续课程的开展奠定基础。在教学过程中不断挖掘拓宽教材内容,将知识、情感等多方面融于全部教学过程中。教学设计思路参见图4-3。

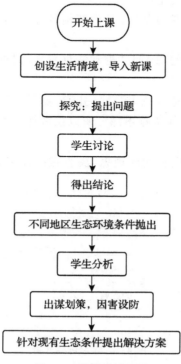

图 4-3 教学设计思路

8. 教学活动设计

课前准备

教法:预先在雨课堂发给学生课件及讲义等,提供电子学习资料;通过问答法完成课前在线指导,并对学生学习情况进行检查。

学法:课前完成预习;通过自主学习,完成自测题上传雨课堂或微信群。

课前检测题:认知性问题

(1)果树需水量概念。(2)常见的落叶果树栽培适宜的年平均温度是多少? 就温度生态因子来讲,限制果树分布的主要是哪几个因子? (3)果园的光照状况受哪些因素影响? 提高果园光能利用率的途径有哪些? (4)果树按抗旱能力强弱分为哪三类,常见果树分属哪一类? (5)果树地上地下部生长发育需要的氧气浓度范围是多少? 新梢根系生长受抑制的氧气浓度范围是多少? (6)常见果树生长最适酸碱度范围是多少? 耐盐极限分别是多少? 几种常见可溶性盐类危害程度由大到小的顺序是什么?

课 堂 教 学

教学环节	教师活动	学生活动	设计意图
创设情境 提出疑问 引入新课	【新闻链接】例如 ×××省果树生产相关报道 【回顾旧知,引入新课】回顾第一章中我国果树带的划分,反映了果树自然分布与环境条件的关系,是制订果树发展规划、建立果树生产基地,制订果树增产措施和引种育种的理论依据。《晏子春秋·内篇杂下》记载"橘生淮南则为橘,生于淮北则为枳,叶徒相似,其实味不同,所以然者何? 水土异也。" 【提问】果树器官的生长发育,果树年周期和生命周期的正常通过,都是在一定的生态环境下进行的,果树优质丰产是同适宜的生态环境条件密不可分的。气候条件、土壤条件会对×××省果树生产产生什么影响? 【导入新课】本节课我们将重点分析气候条件、土壤条件对果树生长发育的影响。	学生认真观看新闻并认真听老师讲述的内容,对老师提出的问题进行思考	联系生产实践和古书记载,引起学生学习的兴趣。思政融入唯物辩证的思想及人与自然的关系原理等。贯彻党的二十大"推动绿色发展,促进人与自然和谐共生"精神,推进美丽中国建设
探究学习 温度光照	【探究一:温度对果树生长发育的影响】 【讲解】温度是果树重要的生存因子之一,温度对果树的生态作用,就温度的变化规律性而言,可分为节律性变温,指温度的年周期变化和日周期变化;非节律性变温,指温度的非周期性变化,如温度的突然升高或降低。 【提问】 (1)限制果树分布的温度诸多因子中,为什么主要是年平均温度、生长期积温和冬季最低温? (2)维持果树生命的温度或生长发育所需温度,就其生理过程来说,都有其相应的三个基本点:即最低、最适合、最高温度,那么研究三基点温度的生产或科学价值是什么? (3)果树的光合作用、呼吸作用和养分吸收等,都受到温度条件的影响,这是果树生理作用与生态环境密切关系的具体表现。那么如何根据温度的变化来评价果树的光合作用、矿质营养吸收、蒸腾作用和呼吸作用? 【探究二:光照对果树生长发育的影响】 【讲解】光是生物生命活动的能源。光照对果树的生态作用,体现在光合作用、生长发育和产量品质各个方面。 【提问】 (1)你能否用自己的语言来阐述不同栽培模式下果园的光照状况?叶面积指数和叶幕配置与树冠内任一深度的光照存在什么样的关系? (2)如果要作为一名合格的果树生产管理者,要提高果园光能利用率你将会怎样去做?	跟随老师的讲解积极思考 合作研究,前后桌讨论,讨论后每个组选出代表发言	从环境因子解读入手,能让学生自如地进入下面的讨论环节 培养学生高阶思维能力,提取有用信息并对这些信息进行加工和总结的能力

续表

教学环节	教师活动	学生活动	设计意图
探究学习水分土壤	【探究三：水分对果树生长发育的影响】 【讲解】水是果树生存的主要生态因素，是组成果树体的重要成分。果树不同器官的含水量在50%~97%。在果树生产中根据果树不同时期的需水量，采取合理灌溉是取得高产优质的重要措施之一。 【提问】 (1)如何计算果树需水量？果树需水量的测定方法有哪些？ (2)水分对果树的影响体现在哪些方面？ 【探究四：土壤条件对果树生长发育的影响】 【讲解】果树的生命过程所需要的水分和营养元素，大都通过根系从土壤中吸收，因而，土壤既是生态系统中物质与能量交换的重要场所，其本身又是生态系统中生物部分和无机环境部分相互作用的产物。当前果树生产力的发展速度，主要受土壤条件的限制。 【提问】 理想的果园土壤评价指标有哪些？	跟随老师的讲解积极思考 合作研究，前后桌讨论	从环境因子解读入手，能让学生自如地进入下面的讨论环节 培养学生高阶思维能力，提取有用信息并对这些信息进行加工和总结的能力
得出结论	【讲解】从以上讨论所了解的温度、光照、水分、土壤条件与果树生长发育的关系，请每组同学阐述一种生态因子和果树生长发育的关系。	每个组选出代表发言	培养学生的表达能力
实际运用	教师展示不同地区生态环境条件 【提问】 (1)不同生态因子对当地发展果树生产有没有影响？并分析其原因。 (2)如果你是经营管理者，你如何因害设防？针对不同地区的生态条件提出解决方案。	学生根据所学内容畅所欲言。强调要了解一些有效避灾的方法，增强灾害自救能力	培养学生解决生产问题的能力
课堂总结	通过这节课学习，我们详细分析了温度、光照、水分和土壤条件与果树生长发育的关系。我们认识到了环境条件对发展果树非常重要。我国幅员辽阔，环境因子复杂，了解环境因子和果树分布生产的关系，可以更好地适地适栽，发挥果树最大的生产力。	集中注意力，回忆课堂片段，书中勾画重点	培养学生对知识的归纳总结能力

课 后 任 务

查阅果树生态学相关资料自学

板书设计见图4-4。

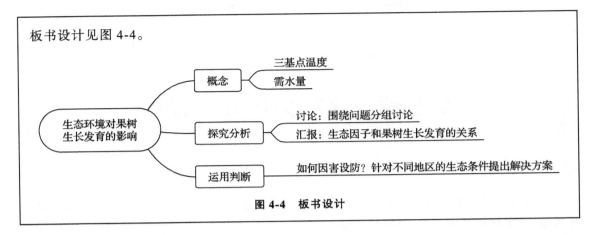

图 4-4　板书设计

9. 教学评价

课前信息平台访问次数、课程预习情况、课前测试、课中讨论表现等。

10. 思考题

(1) 如何提高果园光合效能？

(2) 分析环境条件(从温度、光照、土壤)对果树生长发育的影响。

(3) 水分亏缺胁迫对果树生长发育造成哪些影响？分析抗旱力强的品种有何特性？

(4) 什么样的土壤条件更有利于果树生长发育？

(5) 分析形成果树自然分布地带的温度因子有哪些？这些因子是如何影响果树分布的？

11. 教学反思

本节课以教材内容"不同环境条件对果树生长发育的影响"为探究任务,任务的难度适中,符合学生的发展需要。探究式教学的载体与核心是"问题",每个任务在教师讲解后,围绕问题展开,老师依据教学目的和内容,细心考量,提出了难度适宜、逻辑合理的问题。在实际运用模块中选择不同地区生态环境条件创设情境,带领学生探究,学生自己动手查阅,来寻求问题的答案,提出某些解决方案。老师起一个组织者的角色,引导学生自己去发掘问题,学生不明白时可适当点拨,诱导探究的方向。此教学模式关键在探究教学中,老师如何做好引导者,启发诱导;学生是探究者,如何通过自己的探究,发掘新事物。因此,必须正确处理老师的"引"和学生的"探"的关系,做到既不能远离主题,也不能过多牵引干涉,才能达到教学目标。

第五章　果树育苗教学设计

　　果树苗木是发展果树生产的基本材料。果树苗木质量,直接关系到果园的经济效益和建园成败,对果树栽植成活率、果园整齐度、经济寿命及生长结果、果品质量、抗逆性等都有重要影响。培育和生产优质苗木,是果树育苗的中心目的,也是建立早果、丰产、优质、低成本果园的先决条件。本章内容分4～6学时来讲,主要采用项目教学法,结合线下实验设计相应的项目,帮助学生从知识的学习提高到生产实践的能力上。

　　1. 教材分析

　　本节课内容选自《总论》中第五章果树育苗。本节教材内容依次包括以下部分:苗圃地选择和区划、砧木的选择和繁殖、嫁接苗的繁殖、自根苗的繁殖、脱病毒苗培育、果树苗木出圃。从本章开始,主要讲果树栽培基本技术技能。教材编写条理清晰,每种苗木繁育方法都从苗木利用、影响因素、繁育机理和方法详细叙述;从苗圃地选择到苗木出圃整个育苗过程内容都有涉及。育苗技术是核心,教师要善于运用这些已有知识帮助学生如何从理论上设计育苗实施方案,从实践上掌握不同育苗技术,并从中发掘出苗木繁育方法的机理是本章教学重点。

　　2. 教学内容分析

　　本课程是一门应用科学,课程目标对应于培养创新应用型人才专业目标。本章内容属于技能知识。本章内容按抽象知识分类属于方法知识,要求学生学会实生繁殖和营养繁殖苗木的操作方法;通过学习掌握这些技术的相关知识及使用方法。实生繁殖和营养繁殖的原理则属于抽象知识的概括性知识,包括一些概念如接穗、砧木、层积处理等,还有实生繁殖种子休眠、营养繁殖细胞全能性等生物学科中的基本原理,都是教学的重点。教学中主要培养学生苗圃地规划和实生苗、嫁接苗、自根苗培育能力,另外要用理论知识机理解释为什么要这样做,以能力为主培养,在操作中融入机理学习。本章知识框架参见图5-1。

　　3. 教学目标分析

　　(1)知识目标　熟悉掌握果树育苗有关概念、熟悉苗圃规划内容;掌握不同苗木繁殖类型并熟悉其主要机理和操作步骤。

　　(2)能力目标　能够操作各种苗木培育方法。

　　(3)素养目标　塑造良好的职业道德,具备细致、实干、有责任心、吃苦耐劳等职业素质。

　　(4)课程思政目标　贯彻党的二十大"坚持全面依法治国,推进法治中国建设"精神,加强种苗质量监督管理,营造公平竞争、优质优价的和谐市场环境,保护优良品种的生产者和消费者的正当权益,保障种苗市场的健康持续发展。

　　思政目标实施过程:通过课前苗木经营案例融入法制教育和诚信教育。基于布鲁姆认知领域六层次学习目标分析参见图5-2。

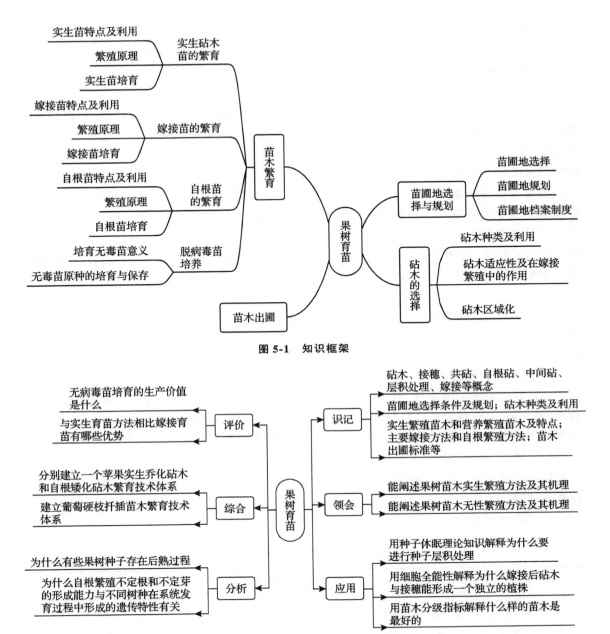

图 5-1　知识框架

图 5-2　学习目标分析

4. 学情分析

（1）知识方面　学生通过学习前面章节的内容，已经掌握了果树生长发育规律及果树器官特性，这对学习本节课果树育苗起到了铺垫和支持的作用。

（2）能力方面　高年级大学生有较强的实践操作能力，同时自主学习能力强，会利用网络扩展，丰富信息和知识。因此本节教学设计紧紧围绕果树育苗基本原理和基本操作技能设计教学任务的深度、难度和广度，采取项目教学法，小组互作、实践锻炼，培养学生能够进行果树苗木繁育的能力，同时具备果树育苗研究和生产经营的能力。

5. **重点、难点分析**

（1）教学重点　果树育苗概念、育苗过程；果树各类苗木特点及育苗机理。

（2）教学难点　实生繁殖和营养繁殖原理。

6. **教学模式**

果树苗木是发展果树生产的基本材料。本章重点介绍苗圃区划、砧木的选择繁育、嫁接苗繁殖、自根苗繁殖、脱毒苗培育和苗木出圃。本章内容分 4～6 学时来讲，以"苗圃地规划、苗木培育"为线，结合线下实验教师设计相应的项目，帮助学生掌握一些基本技能、基本理论，指导他们完成生产实践方案，从而能从知识的学习提高到生产实践的能力上。

项目教学法是通过实施一个完整的项目而进行的教学活动，其目的是在课堂教学中把理论与实践教学有机地结合起来，充分发掘学生的创造潜能，提高学生解决实际问题的综合能力。项目教学主要由内容、活动、情境和结果四大要素构成。采用项目教学法学习，教师可以利用网络的优势，成为知识传播者、问题情境的创设者、尝试点拨的引导者、知识反馈的调整者。学生是学习的主人，在教师的帮助下，小组合作交流，动手操作探索，发现新知，提升学习能力。

教学评价方式多样化，包括师生评价、学生评价、小组评价等多种方式。在课堂上利用明确、无误的工作表结果对学生的学习和练习作出评价，让每个学生都能体验到成功的乐趣。这种项目教学法，既解决了一些生产上的实际问题，又可让学生掌握果园育苗的新知识。

7. **教学设计思路**

本章内容设置三个项目：项目一、苗圃地选择与规划；项目二、砧木选择与实生苗培育；项目三、嫁接苗、自根苗繁殖。其中营养繁殖苗木培育内容包括嫁接苗、自根苗和脱毒苗的培育。利用生产任务型的实验项目教学，强化学生的实践能力训练和职业素质培养。以实际实验操作创设情境，明确项目任务。学生收集资料，制订方案；随后小组自主协作，具体实施；教师在实施期间点拨引导，进行过程检查；最后在课堂学生展示项目成果，修正完善；学生、师生评估检测，拓展升华。

8. **教学活动设计**

项目一　苗圃地选择与规划

课 前 准 备

教师活动：以国内外苗木生产现状文献资料做对比，引入苗木市场经营案例时融入"坚持全面依法治国，推进法治中国建设"，加强种苗质量监督和检测管理体系建设，保护优良品种的生产者和消费者的正当权益，保障种苗市场贸易的健康持续发展。情境导入，任务明确，即确立项目一主题——苗圃地选择与规划。

1. 确定教学目标

（1）理论方面：明确苗圃地选址的基本要求和区域划分的基本依据；果树苗圃生产用地规划内容和非生产用地（辅助用地）规划内容。

（2）实践方面：熟练进行苗圃规划设计及苗圃规划设计说明书的撰写。

2. 确定教学资源

测量和绘图工具，确定苗圃地地点。

3.确定教学内容

(1)课堂讲授教材内容。

(2)确定项目任务书及完成项目任务。

学生活动：课前研读教材和资料,积极配合,保证教学目标的完成。

课 堂 教 学

教学环节	教师活动	学生活动	设计意图
实施阶段	【课堂讲授】 1.育苗的意义与任务 2.苗圃地的选择 3.苗圃地的区划 (1)生产用地区划:母本园、播种繁殖区、营养繁殖区、试验区、设施育苗区。 (2)非生产用地区划:道路系统、排灌系统、防护林带、管理区的房屋场地。 (3)苗圃地规划设计书 4.苗圃地档案制度 【确定小组】把握分配原则,合理分组小组成员 【项目发布】确定项目要求,明确项目任务内容 苗圃规划的预备工作及外业调查 (1)对确定的苗圃地范围内举行实地踏勘和调查工作,概括了解苗圃地的现状、地势、土壤、植被、水源、土壤和病虫害状况等,以及气象资料收集,包括无霜期、早霜期、晚霜期、全年及各月平均气温、最高和最低气温、表土层最高温度、冻土层深度、降雨量及降雨历时数、主风方向、风速等。 (2)苗圃地规划设计的主要内容 (3)苗圃地规划设计书编写	认真听讲 小组成员内部讨论,确定组长 认真记录,明确任务目标	理解知识,掌握实践操作内容 发布项目任务
实施阶段 (项目决策、项目实施)	【指导督促】 本阶段中心任务:基于项目计划,学生通过调研、实验和研究来有步骤地解决项目问题。将项目目标规定与当前工作结果进行比较,并作出相应调整,项目任务按规定时间完成。 教师进行技术指导并督促任务完成。	【制订计划】 【收集资料】 【项目实施】 学生通过调研、实验和研究来收集信息和进行决策,如何具体实施完成项目计划中所确定的工作任务	培养学生的协同工作能力、自我控制意识,即社会能力、个性能力及专业技术能力提升

<table>
<tr><td colspan="4" align="center">课 堂 教 学</td></tr>
<tr><td>教学环节</td><td align="center">教师活动</td><td align="center">学生活动</td><td align="center">设计意图</td></tr>
<tr><td>总结阶段</td><td>【项目评估】教师分发评价表,组织开展小组自评和组间互评。
【项目总结】发现学生项目问题,归纳总结知识体系。推荐最优项目,完成留档</td><td>【项目展示】各小组或由各小组选派的一个或多个代表汇报其项目成果</td><td>强化项目理解,形成整体性思维,查漏补缺。学生能认识自身优势和不足,形成思辨意识</td></tr>
</table>

项目二　砧木选择与实生苗培育

课 前 准 备

教师活动:以问题情境导入,明确任务,即确立项目二主题——砧木选择与实生苗培育。

思考题:(1)果树砧木有哪些种类? 生产上是如何利用的? 为什么要用中间砧?(2)在苗木繁殖中为什么要选择砧木? (3)实生苗的特点是什么? 生产上如何利用? 什么是种子多胚现象? 其利用价值是什么?(4)什么是种子生理成熟? 什么是种子形态成熟? 什么是种子生理后熟? (5)如何采集和贮藏果树种子? (6)实生苗繁殖的原理是什么?(7)什么情况下种子要休眠? 造成种子休眠的原因有哪些? 解除种子休眠的途径有哪些?(8)什么是层积处理? 其处理条件是什么? 简述种子层积处理的过程。(9)如何鉴别种子质量? (10)种子发芽率和发芽势如何区分? (11)如何掌握果树种子的播种时期、播种方法和播种量? (12)实生苗繁育技术步骤要点是什么?

1. 确定教学目标

(1)理论方面:明确砧木在果树苗木繁殖中的作用、砧木区域化原理、砧木类型和作用;实生苗繁殖原理和方法。

(2)实践方面:熟悉果树种子播种前的催芽处理方法及掌握具体操作技术;学生学会果树种子的播种技术,掌握实生苗的播种方法和培育壮苗的关键。

2. 确定教学资源

经过层积处理后的果树种子或酸枣仁(不用层积处理)、锯末或细沙、纱布、发芽皿、温箱和温度计等;整地播种用具或花盆等。

3. 确定教学内容

(1)课堂讲授教材内容。

(2)确定实生苗培育任务。

学生活动:课前研读教材和资料,结合思考题认真思考,积极配合,保证教学目标的完成。

课 堂 教 学

教学环节	教师活动	学生活动	设计意图
实施阶段	【课堂讲授】 1. 砧木种类和利用 2. 砧木的适应性和在嫁接繁殖中的作用 3. 砧木区域化 4. 实生苗的繁殖 (1)实生苗的特点和利用 (2)实生苗的繁殖原理和方法 ①种子的采集 ②种子的贮藏 ③种子的休眠与层积处理 ④种子的生活力鉴定 ⑤播种及播后管理 【确定小组】把握分配原则,合理进行分组小组成员 【项目发布】依据授课学期生产季节特征,在不同季节设置与季节相匹配学习项目,确定项目要求,明确项目任务内容: 1. 果树种子生活力的测定与层积处理 (1)掌握果树砧木种子生活力测定及种子层积处理的方法。 (2)准备好材料和用具:砧木种子、干净河沙、层积容器(木箱或花盆)、染色剂(0.1%靛蓝胭脂红或曙红或5%红墨水);烧杯、培养皿、镊子、水桶、漏勺等。 2. 播种前的种子催芽处理 (1)种子层积处理完成后未发芽的,在播种前移到温度较高的地方使其发芽,是提高出苗率的有效措施。 (2)有些树种错过层积处理时期,可采用特殊的浸种、催芽处理方法,打破种子休眠,如冷水浸种、变温催芽、化学催芽等方法。 3. 果树种子的播种和管理 (1)通过种子播种和苗圃管理,使学生在了解实生苗的生长发育规律的基础上,较熟练地掌握幼苗的培育技术。 (2)准备好材料和用具:经过层积处理或浸种催芽的果树种子、镐、锹、耙、皮尺、卷尺、水桶、喷雾器、稻草等。	认真听讲 小组成员内部讨论,确定组长 认真记录,明确任务目标和内容	理解知识,掌握砧木相关内容 发布项目任务:利用生产任务型的实验项目教学,强化学生的实践能力和职业素质培养

课 后 任 务

教学环节	教师活动	学生活动	设计意图
实施阶段 (项目决策、项目实施)	【指导督促】 本阶段中心任务:基于项目计划,学生通过实验有步骤地解决项目问题,将项目目标规定与当前工作结果进行比较,并作出相应调整,项目任务按规定时间完成。 教师进行技术指导并督促完成项目实验。	【制订计划】 【收集资料】 制订实验步骤 【项目实施】 学生通过实验实施完成项目计划中所确定的工作任务	结合实验在校内实验基地完成项目实验。培养学生的协同工作能力、自我控制意识。即社会能力、个性能力及专业技术能力提升

	课　堂　教　学		
教学环节	教师活动	学生活动	设计意图
总结阶段	经过项目实施后,回到课堂对项目进行评估。 【项目评估】教师分发评价表,组织开展小组自评和组间互评项目实验完成情况 【项目总结】发现学生项目问题,归纳总结知识体系。推荐最优项目,完成留档。	【项目展示】各小组或由各小组选派的一个或多个代表汇报其项目完成情况	强化项目理解,形成整体性思维,查漏补缺。学生能认识自身优势和不足,形成思辨意识

项目三　嫁接苗、自根苗繁殖

课　前　准　备

教师活动:以嫁接苗、自根苗繁殖视频导入,确立项目三主题——嫁接苗、自根苗繁殖。

1. 确定教学目标

(1)理论方面:了解嫁接苗、自根苗的各种繁殖方法;能说明嫁接苗和自根苗繁殖的原理;明确影响嫁接苗和自根苗繁殖成活的因子;掌握嫁接苗和扦插苗繁殖的技术步骤。

(2)实践方面:熟练果树芽接、枝接和扦插压条操作技术,分析嫁接和扦插压条成活的关键。练习室外嫁接技术。学会果树扦插压条的基本方法。

2. 准备实验材料和工具

材料:苹果、梨、桃或其他果树供嫁接用的砧木和接穗、葡萄、苹果矮化砧等果树、塑料薄膜条、肥沃园土、锯末;

工具:芽接刀、切接刀、修枝剪、花盆等。

3. 确定教学内容

(1)课堂讲授教材内容。

(2)确定项目任务书及完成项目任务

学生活动:课前研读教材和资料,完成自测题,保证教学目标的完成。

(1)嫁接苗的特点是什么? 生产上如何利用? (2)嫁接苗繁殖的原理是什么? (3)什么是砧木和接穗的亲和力? 砧木和接穗的亲和力表现有哪些?(4)如何提高嫁接成活率? (5)砧木和接穗的相互关系有哪些? (6)依据嫁接接穗材料,果树主要嫁接方法有哪些? 简述接穗的选择、采集与处理。(7)检查芽接和枝接方法是否成活的方法是什么? 或者如何检查枝接、芽接是否成活? (8)枝接过程为什么要露白? (9)芽接苗和枝接苗接后如何管理? (10)果树高接换种作用是什么? 如何进行高接换种? (11)自根苗的特点是什么? 生产上如何利用? (12)自根苗的繁殖方法有哪些? (13)自根苗生根的原理是什么? (14)影响扦插和压条成活的因素有哪些? (15)促进自根繁殖生根的方法有哪些? (16)自根繁殖的方法有哪些? (17)出圃前准备工作有哪些? (18)如何进行起苗、分级、检疫? (19)如果苗木不能及时外运如何处理? (20)简述苗木包装、运输和贮藏过程中应注意的问题。

课 堂 教 学

教学环节	教师活动	学生活动	设计意图
实施阶段	【课堂讲授】 第三节　嫁接苗的繁殖 1．嫁接苗的特点和利用 2．嫁接苗繁殖原理 (1)嫁接愈合成活过程 (2)影响嫁接愈合成活的因子 3．砧木与接穗间的相互关系 (1)砧木对接穗的影响 (2)接穗对砧木的影响 (3)中间砧对基砧和接穗的影响 (4)砧穗间相互作用的机理 4．主要嫁接方法和苗木培育 (1)主要嫁接方法 (2)苗木培育 第四节　自根苗繁殖 1．自根苗的特点和利用 2．自根繁殖生根原理 3．主要繁殖方法 (1)扦插繁殖法 (2)压条繁殖法 (3)分株繁殖法 (4)组织培养繁殖法 【确定小组】把握分配原则,合理进行分组 【任务发布】确定课外任务要求,明确任务内容: 1．果树的嫁接:芽接和枝接 练习室外嫁接技术,根据授课季节准备好材料工具。 学习果树芽接和枝接的方法,熟练操作技术,掌握影响嫁接成活的关键因素。 目的要求:学习几种主要嫁接方法和操作技术。统计本人嫁接株数及成活率,总结嫁接成活的主要关键技术。 2．果树的扦插和压条 根据授课季节选择扦插和压条方法(硬枝扦插或嫩枝扦插;直立压条或高空压条)。 目的要求:学会果树扦插和压条的基本方法。	认真听讲 小组成员内部讨论,确定组长 认真记录,明确任务目标	理解知识,掌握实践操作内容 发布项目任务

课 后 任 务

教学环节	教师活动	学生活动	设计意图
实施阶段 (项目决策、项目实施)	【指导督促】 本阶段中心任务:基于项目计划,学生通过实验有步骤地完成项目任务。将项目目标规定与当前工作结果进行比较,并作出相应调整,项目任务按规定时间完成。教师进行技术指导并督促任务完成。	【制订计划】 【收集资料】 【项目实施】 学生通过实验实施完成项目计划中所确定的工作任务	培养学生的协同工作能力、自我控制意识。即社会能力、个性能力及专业技术能力提升

<table>
<tr><td colspan="4" align="center">课 堂 教 学</td></tr>
</table>

教学环节	教师活动	学生活动	设计意图
总结阶段	经过项目实施后,回到课堂对项目进行评估。 【项目评估】教师分发评价表,组织开展小组自评和组间互评。 【项目总结】发现学生项目问题,归纳总结知识体系。推荐最优项目,完成留档。	【项目展示】各小组或由各小组选派一个或多个代表汇报其项目成果	强化项目理解,形成整体性思维,查漏补缺。学生能认识到自身优势和不足,形成思辨意识

9. 教学评价

考核方式分为小组评价、老师评价。结果性考核占30%,考核学生的基本理论、基本操作的理解和掌握情况;过程性考核占70%,通过学生、老师对教学和实验过程及成果的评价,重点考查学生对技能的掌握和灵活运用能力。

10. 思考题

(1)与国外相比,我国果树苗木产业经营模式存在的问题有哪些?

(2)简述我国常用落叶果树砧木种类及其主要特性,并分析砧木区域化的原理。

(3)试分析落叶果树种子和常绿果树种子播种前处理有何不同,为什么?

(4)用细胞全能性解释为什么嫁接后砧木与接穗能形成一个独立的植株?

(5)综合所学专业知识,结合生产实际,选择一个树种为某企业设计一套嫁接苗繁育技术规程。

(6)与实生育苗方法相比嫁接育苗有哪些优势?

(7)为什么自根繁殖不定根和不定芽的形成能力与不同树种在系统发育过程中形成的遗传特性有关?

(8)怎样才能建立一个高效的育苗技术体系?

11. 教学反思

本章内容,以"苗圃地规划、苗木培育"为线,结合线下实验教师设计相应的项目任务组织课程内容,以完成任务为主要学习模式。由以课本为中心转变为以项目为中心,由以课堂为中心转变为以课外实验操作为中心,这对学生掌握操作技能有很大好处,提高了学生生产实践水平。但项目教学法花费的时间比较多,如何调动学生的积极性,把课外周末利用起来是下一轮教学注意的问题。另外,项目教学法对学校的实验条件提出了一些要求,有时候项目教学法的实施会受实践条件制约。教师要根据校内实践条件来设计实验内容,指导学生完成生产实践方案,从知识的学习提高到生产实践的能力上。

第六章　建立果园教学设计

　　建立果园是果树栽培的一项重要基本建设,直接关系到果树生产成败及其经济效益高低。建立果园涉及多项科学技术的综合配套,既要考虑果树本身及环境条件,又要预测市场销售和流通,某一环节决策失误或技术实施不当,将带来重大的损失。建立果园必须进行综合考察论证,全面规划,精心组织实施,使之既符合现代商品生产的要求,又具有现实可行性。本章内容分2～3学时来讲,重点围绕如何园地选择、园地规划与设计内容、果树栽植及栽后管理进行学习。以范例式教学模式设计教学活动。目的是使学生从个别到一般、从认识到实践,理解、掌握带有普遍性的规律、原理的模式。这有助于培养学生的分析能力,有助于学生理解规律和原理。

　　1. 教材分析

　　本节课内容选自《总论》中第六章建立果园。本章教材内容依次包括三个部分:园地选择、园地规划与设计、果树栽植及栽后管理。园地选择是果树栽培的一项重要基础建设。建立果园涉及多学科交叉技术领域,既要考虑果树本身的生态适应性,还要兼顾市场、销售和流通。学生通过教材学习,能掌握果园规划的目标、步骤及规划内容。园地选择是建立果园的核心,是果园规划设计的基础。园地规划与设计、果树栽植及栽后管理是具体的工程实施,教学是通过具体的要求及实例,促进学生对果园规划设计的理解、巩固和深化。教材编写条理清晰,前后连贯,逻辑性强。教师要善于运用这些已有知识帮助学生从理论上设计果园规划实施方案,从实践上掌握建园技术。

　　2. 教学内容分析

　　本课程是一门应用科学,课程目标对应于培养创新应用型人才专业目标。教学重点主要以能力培养为主,培养学生规划果园的能力,在操作中融入知识学习。教学过程采用范例教学模式,通过果园建立实例入手感知果园建立相关知识原理,逐步提炼、归纳总结,再进行迁移整合。要求学生在学完果园建立的基础上,结合本地情况进行果园设计。通过实际设计,学会果园规划设计的步骤和方法。本章知识框架参见图6-1。

　　3. 教学目标分析

　　(1)知识目标　通过学习,学生能够说出建立果园的步骤、果园规划设计内容;能解释和说明建立果园果树树种、品种选择的依据。

　　(2)能力目标　能够设计规划果园,能指导果树栽植及栽后管理。

　　(3)素养目标　培养学生获得关于世界观和切身经验的知识,使学生不仅了解客观世界,也认识自己,提高行为的自觉性。

　　(4)思政目标　把我国近年来新的建园模式,如新疆枣树直播建园模式、上海交通大学限根栽培建园模式、河北农业大学梨省力高效现代栽培模式等新技术和新成就引入课堂,不仅开

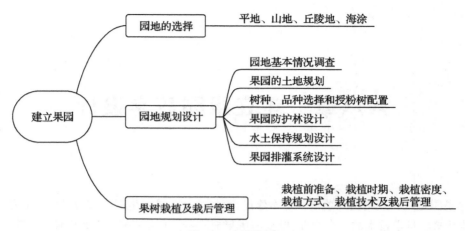

图 6-1　知识框架

拓了学生的视野,也让学生感悟到当代果树产业科学家们"坚持面向生产,集聚力量进行科技攻关,提高了科技成果转化和产业化水平",为国家的发展作出了巨大的贡献。引导学生立志向科学家们学习,掌握科学技术,为祖国的建设发展贡献自己的力量。

　　思政目标实施过程:通过课前任务范例让学生感悟科学家精神,引导学生为祖国的建设贡献自己的力量。

　　基于布鲁姆认知领域六层次学习目标分析参见图6-2。

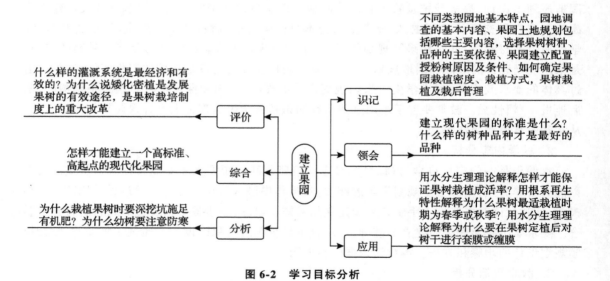

图 6-2　学习目标分析

4. 学情分析

　　(1)知识方面　学生已经学过了果树栽培的基本理论和基本技能,并且掌握了果树种类及果树带划分及根系再生特性方面的知识,为本章学习打下了基础。

　　(2)能力方面　通过果树栽培知识的学习,学生具备了应用知识解决实际问题的能力。

5. 重点、难点分析

　　(1)教学重点　从理论上设计果园规划实施方案,从实践上掌握不同树种的建园技术,使学生能进行果园规划设计是本章教学重点。

（2）教学难点　使学生能进行果园规划设计，能解决果树栽植过程中的问题是教学难点。

6. 教学模式

本章采用范例教学模式，通过"范例"内容的讲授，使学生达到举一反三掌握同一类知识的规律的方法。运用此法的目的在于促使学生独立学习，而不是要学生复述式地掌握知识，要使学生能将所学的知识迁移到其他方面，进一步发展所学的知识，以改变学生的思维方式和行动。范例式教学模式其基本程序分为四个步骤：①范例地学习"个"，即通过范例的、典型的、具体的、单个实例来说明事物的特征；②范例地学习"类"，即在第一步学习的基础上进行归纳、推断，认识这一类事物的特征。③范例地掌握规律和范畴，即要求在前面学习的基础上，进一步归纳事物发展的规律性。④范例地获得关于世界关系和切身经验的知识，使学生不仅了解客观世界，也认识自己，提高行为的自觉性。

7. 教学设计思路

第一阶段，用中国知网果园规划设计论文或生产案例说明建立果园是果树栽培的一项基本工程，要熟悉园地选择步骤、园地调查内容、园地规划设计内容等，使学生了解建立果园的意义与内容。

第二阶段，迁移到不同地区、不同栽培模式、不同栽培目的果园，例如南方海涂土壤和北方丘陵山地果园、矮化密植果园、观光果园，新疆枣树直播建园模式等，使学生认识一系列类似果园的本质特征。

第三阶段，在对"个"和"类"的果园建立学习和分析的基础上，使学生形成对各种果园建立形成规律的理解和发现，认识到建园要考虑果树自身的特点及其对环境条件的要求，考虑当地的地理、社会、经济条件，适地适栽，还要预测未来的发展趋势和市场前景。园地规划内容包括生产小区、道路系统、排灌系统、防护林建设、附属设施、绿肥基地的规划等。要求学生能列出果园规划设计说明书目录。

第四阶段，进一步认识人与大自然的关系，即人类能依照自然规律改造自然，然而人类不能彻底地支配自然。适地适栽才能发挥果园的最大经济效益。这样，学生能从世界观的角度审视问题。

8. 教学活动设计

课　前　准　备
范例性地阐明"个"。教师精选、设计范例，以具体直观的方法提出问题，激发起学生学习的动机。学生可以参考教师上传的论文资料，也可以自己上网查阅相关资料。例如：[１]唐志萍.湖南丘陵地观光果园规划研究［D］.长沙：湖南农业大学，2016；[２]李胜利.伽师县百果园规划设计［D］.北京：中国林业科学研究院，2014；[３]塞买提·于素甫，张建国，郭爱霞，等.南疆红枣直播建园及管理技术［J］.林业实用技术，2011，116（8）：23-24. 　　**学法**：课前完成预习；通过自主学习法，完成自测题上传雨课堂。 　　**课前检测题：认知性问题** 　　（1）不同类型园地有何基本特点？（2）园地调查的基本内容有哪些？（3）果园土地规划包括哪些主要内容？小区和道路如何规划？（4）果园防护林有何作用，防护林的类型

及特点有哪些？（5）怎样选择果园防护林树种？（6）选择果树树种、品种的主要依据是什么？（7）果树配置基本要求有哪些？（8）建立果园为什么要配置授粉树？授粉树应具备的条件是什么？（9）如何确定授粉树的配置方式和数量？（10）影响栽植密度的因素有哪些？如何确定栽植密度？（11）栽植方式有哪些？不同栽植方式的主要特点及适用范围？（12）计划密植果园在管理上应特别注意哪些问题？（13）果树栽培前的准备工作包括哪些主要内容？（14）栽植果树的步骤方法是什么？（15）果树栽培后管理的主要内容及措施有哪些？（16）幼树防寒措施有哪些？

课 堂 教 学

教学环节	教师活动	学生活动	设计意图
【第二阶段】范例性的阐明"类"。	提供学生进行自主的、独立的学习帮助，把学生从一个发现引到另一个发现中去。 【提问】 通过课前第一阶段学习，请同学们回答果园建立与环境条件的关系是什么？果园规划与设计的程序和内容是什么？如何理解果树树种和品种的选择和配置原则与方法？果树栽植技术环节是什么？ 【案例展示】南方海涂土壤和北方丘陵山地果园、矮化密植果园、观光果园、直播建园、梨省力化建园模式等。 【设疑提问】 (1)现代果园建立的标准是什么？(2)你能用自己的语言来说明为什么好品种是果树高效生产的根本所在吗？(3)什么样的品种才是果树最好的品种？(4)怎么样才是合适的小区面积？(5)对于果树生产怎么样是合适的树种品种结构？(6)什么样的灌溉系统是当前最经济和有效的？(7)为什么说矮化密植是发展果树的有效途径，是果树栽培制度上的重大改革？(8)用水分生理论解释怎样才能保证果树栽植成活率？(9)用根系再生特性解释为什么果树栽植时期为春季或秋季最好？(10)用水分生理论解释为什么要在果树定植后树干套膜或缠膜？(11)为什么栽植果树时要深挖坑施足有机肥？(12)为什么幼树要注意防寒？	回答问题 通过对"个别"认识的迁移来把握"类" 从案例果园学习，分析讨论教师提出的问题，进一步加强对建立果园基本理论原理和技术的理解和感悟	复习巩固课前自学效果 从上述的个案出发去探讨"类"似现象，是一种学习的迁移
【第三阶段】范例性掌握撰写果园规划设计说明书内容目录	【讲解】在对"个"和"类"的果园建立学习和分析的基础上，对各种果园建立形成的规律的理解和发现，使学生认识到建园要考虑果树自身的特点及其对环境条件的要求，考虑当地的地理、社会、经济条件，适地适栽，还要预测未来的发展趋势和市场前景。园地规划内容包括：生产小区的规划、道路系统、排灌系统、防护林建设、附属设施、绿肥基地等。 【任务】列出果园规划设计说明书目录。	分组讨论列出规划设计说明书目录，每组汇报，大家讨论修改	进一步归类整体把握建立果园。揭示建立果园的意义、目的，规划内容，以至于能评估收益预算

		课 后 任 务		
【第四阶段】	【作业】 分组完成实验:果园调查与规划设计。通过对典型果园基本情况的调查研究,学习果园调查的原则与方法,了解果园规划设计的要素及特点。应用课本理论知识,结合果园实际总结经验,分析问题,为果园今后的管理和新建果园规划设计提供依据。 实习结果要提供果园调查报告和果园规划图。		完成作业	进一步深入把教学的重点从帮助学生把获掌握知识转移到开拓学生能力方面

9. 教学评价

(1)过程性评价　课前信息平台访问次数、课程预习情况、课前测试。课中讨论表现、回答问题等。

(2)课后作业评价。

10. 思考题

(1)怎样才能建立一个高标准、高起点的现代化果园?

(2)你能用自己的语言来说明为什么好品种是果树高效生产的根本所在吗?什么样的品种才是果树最好的品种?

(3)为什么会出现果树低产园?

(4)什么样的灌溉系统在当前是最经济和有效的?

(5)为什么说矮化密植是发展果树的有效途径,是果树栽培制度上的重大改革?

11. 教学反思

可以进一步挖掘"建立果园"的范例,尽量找相关视频资源,或者通过录制微课,有利于学生理解果园规划设计内容。以论文为范例学习,效果不明显。

第七章　果园土肥水管理教学设计

　　土壤是果树生长与结果的基础,是水分和养分供给的源泉。果园土、肥、水管理是对果树地下部的管理。在充分了解果树对土、肥、水需求规律的基础上,采用综合措施创造良好的土壤环境,合理地供给养分和水分,才能实现栽培目的。教材内容首先是讲果园土壤及改良,其次是讲果树营养与施肥,最后讲果园水分调控与管理。章节知识环环相扣,地下管理以土壤管理为中心,逐步扩展出影响果树生长结果的营养和水分两个因子。每一节课内容先讲理论,强化了基础理论,让学生先获得对事物的认识,再讲解具体技术,深入实践;同时提供科研实验案例。但果树栽培技术不断创新,在各节内容讲解中教师需要增加当前生产和研究前沿知识。为落实好教材内容,教师要帮助学生实现从理论认识到实践认识的飞跃;要依据教材内容为学生提供土肥水管理生产科研案例,深入理解果园土壤管理目标与土壤改良技术、果树营养特性与营养诊断和施肥技术、果树需水特性与水分管理调控之间的有机联系,使学生具有学习掌握土肥水技术的兴趣和意愿,能发现和提出生产上的问题,有解决问题的兴趣和热情;能依据特定情境和具体条件,选择制订合理的土肥水管理解决方案。本章内容分4~6学时来讲,主要内容见图7-1。

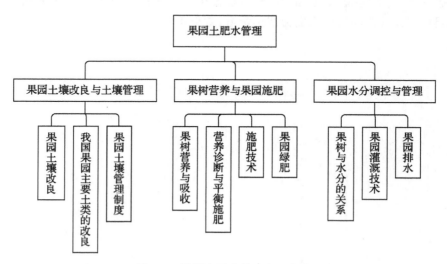

图 7-1　果园土肥水管理主要内容

一、果园土壤改良与土壤管理教学设计

1. 教材分析

本节课是《总论》中第七章第一节内容,即果园土壤改良与土壤管理。本节内容包括果园土壤改良、我国果园主要土类的改良、果园土壤管理制度三方面内容,主要讲果树栽培地下管理基本技术技能。土壤是果树生长与结果的基础,是水分和养分供给的源泉。我国发展果树一直提倡"上山、下滩、入沟、进院",相当一部分果树栽种地土壤瘠薄、结构不良。另外,生产上长期以来过量施用农药、化肥,忽视有机肥的投入,致使土壤污染、耕作层变浅、盐渍化、土壤板结、病菌累积,导致果品质量下降、病虫害频发、树势早衰等问题,严重制约果树产业健康发展。所以,综合提高果园土壤生产力,改善土壤物理化学性状是果园管理中的当务之急。教材从果园土壤改良开始,通过应用例证介绍土壤改良的作用和不同土壤改良方法,促进学生对土壤改良必要性的理解、巩固和深化。果园土壤管理制度分幼年、成年果园管理制度讲解,这部分内容属于果园管理技能要点。教材内容为学生提供了详细的土壤改良和管理技术步骤和实验事实验证,深入探讨了土壤管理的理论和技术本质。土壤管理基本理论知识和技能不变,但农业技术日新月异,教材中当前生产和科学研究前沿领域内容少,特别是一些新技术应用案例少。学生如果只是单纯了解和记忆教材中这些知识,学习效果还远远不够,不能达到培养学生创新实践能力的目标。本章知识框架参见图 7-2。

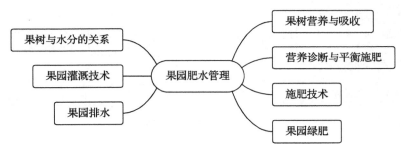

图 7-2 知识框架

2. 教学内容分析

本章内容属于技能知识。本章内容按抽象知识分类属于方法知识,要求学生学会土壤管理的操作方法。学生通过学习,要掌握这些技术的相关原理知识及技术方法。果园土壤改良、我国果园主要土类的改良是具体知识的功能性知识,是描述土壤改良的功能、作用和意义的知识。果园土壤管理制度属于抽象知识的概括性知识。一些概念如果园土壤管理制度、果园间作、清耕法、生草法、覆盖法、免耕法等,还有果园幼年、成年管理制度的原理是园艺学科中的基本原理,这些都是教学的重点。学生是在学习了"土壤与植物营养学"专业基础课后来学习果园土壤改良与土壤管理制度的。"土壤好"是现代化果园管理目标,所以本节课主要采用探究性教学模式,组织学生观察思考,探究原因,寻找解决方案来开展学习。以果园土壤为探究对象,通过认识果园土壤好与差、解读果园土壤改良、探究土壤管理和使用新型土壤管理模式四个环节逐层学习。防止土壤恶化,改良、培肥土壤,给果树根系创造良好的生活环境,是果园土壤管

理的基本任务。引导学生树立和践行"绿水青山就是金山银山"的理念。

3. 教学目标分析

(1)**知识目标** 通过学习,学生能够解释果园土壤改良和土壤管理制度的含义;能够说出土壤改良的目标、果园幼年果园和成年果园土壤管理制度。

(2)**能力目标** 培养学生认真思考,探求规律,探究内在原因的能力。

(3)**素养目标** 培养学生生态意识,具有保护环境、可持续发展理念和行动等;培养学生探究思考的品质。

(4)**思政目标** 将减农药、减化肥,增效益"两减一增"活动引入课堂;引导学生牢记"推动绿色发展,促进人与自然和谐共生";牢固树立和践行"绿水青山就是金山银山"的理念,站在人与自然和谐共生的高度谋划发展。培养学生生态文明意识,增强学生的使命感和责任感。

思政目标实施过程:回顾已学知识,联系生产实际,通过解释"两减一增"行动方案,引导学生关注社会问题,培养学生生态文明意识。

基于布鲁姆认知领域六层次学习目标分析参见图7-3。

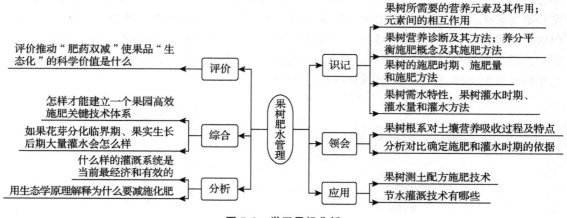

图 7-3　学习目标分析

4. 学情分析

(1)**知识方面** 本节课理论基础是土壤与植物营养学课程部分内容,学生对土壤相关知识已经了解,同时对生长在果园土壤中的地下器官——果树根系已在第三章系统学习了,所以前面学习对本节课学习起到了支持作用。

(2)**能力方面** 前面果树栽培基本理论已经系统学完了,学生具备了对果树知识的观察分析能力。为了调动学生的学习兴趣,采用探究型教学模式,更能激发学生学习的主动性。

5. 重点、难点分析

(1)**教学重点** 果园土壤改良及果园土壤管理制度。

(2)**教学难点** 果园土壤管理制度的探究。

6. 教学模式

本节内容主要采用探究发现型教学模式,以果园土壤为探究对象,通过认识果园土壤好与差、解读果园土壤改良、探究土壤管理和使用新型土壤管理模式四个环节逐层学习。

7. 教学设计思路

在探究型教学模式下,以学生为主体,充分调动学生的好奇心和求知欲,设计层层问题情境,使学生在自主归纳中,形成由理论到实践的探究式总结思维,有效提升学生的自主探究能力。具体教学设计思路参见图7-4。

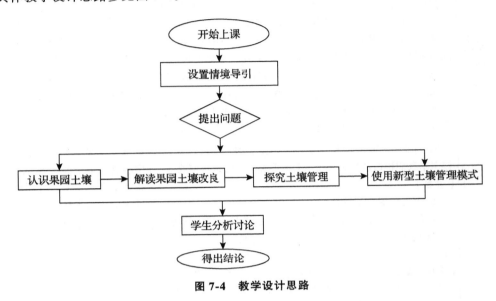

图 7-4　教学设计思路

8. 教学活动设计

课 前 准 备
线上上传教学资料,包括讲义、课件、视频和论文资料等。要求学生课前预习、自学。 拓展学习:苹果根系研究、我国果园土壤有机质的现状分析、果园生草技术等资料。

课 堂 教 学			
教学环节	教师活动	学生活动	设计意图
课程导入	【回顾旧知】上一章我们学习了建立果园。土壤是果树生长结果的基础。我国发展果树一直提倡"上山、下滩、入沟、进院",相当一部分果园土壤瘠薄、结构不良、盐碱化、酸化。农业农村部提出:坚持"两减两提",推进化肥农药减量增效。简述国家政策和党的二十大"推动绿色发展,促进人与自然和谐共生"精神。 通过PPT展示果园土壤恶化图片,讲述果园土壤存在的问题:例如耕层变浅、土壤有机质含量降低、土壤结构破坏、土壤趋于酸化、土壤次生盐渍化、土壤氮磷钾元素失调、中微量元素严重缺乏等问题。 【导入新课】那么如何改良土壤,做好土壤管理,为果树生长建立一个良好环境。本节课将一一为大家解答。	聆听、观看,进入情境	回顾已学知识,联系生产实际,引导学生关注社会问题。引导学生牢固树立和践行绿水青山就是金山银山的理念,站在人与自然和谐共生的高度谋划发展

续表

教学环节	教师活动	学生活动	设计意图
认识果园土壤	【引导】首先我们来认识果园土壤。 【提问】(1)理想的果园土壤(果园土壤改良目标)是什么？(2)果园土壤改良方法有哪些？(3)什么是果园土壤管理制度？(4)深翻熟化的作用是什么？(5)深翻时期及方式分别是什么？(6)果园深翻改土时应注意哪些问题？(7)如何进行果园土壤压土(培土)与掺沙？(8)土壤结构改良剂有哪些？(9)幼年果园土壤如何管理？(10)成年果园的土壤管理制度主要有哪几种形式？各自的优缺点是什么？(11)果园生草模式和生草方法分别有哪些？	学生按照课前学习，配合老师提出问题进行回答讨论	通过问题梳理让学生认识果园土壤及果园土壤管理制度。同时检测课前自学效果
解读果园土壤改良	【讲述】通过讨论我们初步认识了果园土壤及其改良管理。接下来我们再通过我国果园主要土壤类型来解读土壤改良。 【引导】 1. 山地红黄壤果园改良 我国长江丘陵地区以红黄壤为主,该土类具有三个明显特点:结构不良,水分过多呈糊状,干旱时易结实坚硬土块;有机质含量低;土壤呈酸性,有机磷活性低。 【提问】通过我们前面学习的土壤改良主要方法,请大家回答针对红黄壤土类我们如何进行改良？ 【结论】①做好水土保持工作。②增施有机肥料。③施用磷肥和石灰。 【引导】 2. 盐碱地果园改良 盐碱地果园主要分布在黄河故道地区、华北平原东部等地区,该土类明显特征是pH多在8左右,在盐碱地果树根系生长不良,易发生缺素症。 【提问】通过前面学习,我们知道果树适宜的pH的范围不同,例如枣、葡萄能适应微碱性土壤,苹果则要求中性至微酸性土壤,请大家回答针对盐碱地,改良措施有哪些？ 【结论】①设置排灌系统。②深耕施有机肥。③地面覆盖。④营造防护林。⑤种植绿肥作物。⑥中耕除草。 【引导】 3. 沙荒及荒漠土果园改良 我国黄河中下游的沙荒地最典型的是黄河故道地区的沙荒地,该土类特点为:土壤组成物主要是沙粒,矿质营养少,有机质缺乏,导热快。 我国西北,主要是荒漠土,其特点是:土壤多为沙砾,有机质严重缺乏。 【提问】通过我们前面学习的土壤改良主要方法,请大家回答针对这两类土壤我们如何进行改良？ 【结论】①深翻熟化,增施有机肥或种植绿肥。②营造防护林。③有条件的地方培淤泥。	认真阅读果园各类土壤特点,思考其中的土壤知识 跟随老师的讲解积极思考和回答问题	从生产中果园土壤种类入手,让学生自如地进入与生活紧密结合的问题情境 让学生能了解各类土壤中所含的土壤特性及土壤改良信息,为探究土壤管理做铺垫

续表

教学环节	教师活动	学生活动	设计意图
探究土壤管理	【讲述】果园土壤管理制度:指对果树行间、行内的土壤耕作和土地利用。当前果园条件差,缺乏管理,出现了生理性病害加重、干旱缺水、土壤肥力不足问题,这些问题是制约果树产量、质量提高的主要限制因素之一。 束怀瑞院士提出了"沃土养根、养根壮树"的理论。"沃土养根"是现代化果园高效栽培技术的基础。接下来我们一起来探究如何管理好土壤。 沃土:就是通过一系列措施,全面提高土壤有机质含量和土壤肥力。对于表层土壤来说,要千方百计提高其营养水平,把 1/3～1/2 的土壤有机质含量提高到 1.2%,保证氮、磷、钾等复合养分的均衡供给,保持土壤环境相对稳定。 养根:在生产中,尽量改善果树根系的生长环境,保持适宜的水、肥、气、热条件,同时,保持合理的产量和枝类构成,保护好叶片,促使光合产物向根系合理回流,促进根系健康生长,多发根,发好根。 果树可通过根系、叶片、果实和嫩茎来吸收环境中的营养物质。根系是最主要的途径。 【提问】你们认为"沃土养根"土壤管理措施有哪些? 【结论】土壤好——首先做一个工作:改善土壤质量。①提高土壤有机质含量;②增加土壤中有益微生物。 【提问】改善土壤质量核心技术是什么? 【结论】①生草制;②覆盖法;③增施有机肥(生物有机肥);④起垄栽植。 【提问】果园生草技术为何难推广? 如何解决这些障碍? 有益微生物到底有哪些重要的作用呢? 当前生产上主要的覆盖方法有哪些? 果树起垄种植有何优点? 【结论】 水肥竞争的矛盾、草种的选择、生草后如何管理等问题。 有益微生物能形成土壤结构、培肥地力、分解有机质、分解矿物质、固氮、调节植物生长、抑制病原微生物、抑制土传病害、减轻虫害、降解农残、降低硝酸盐含量、降解重金属。 生产上主要的覆盖方法有:覆草、覆沙、覆有机腐熟物等。 果树起垄种植能增加根系的透气性,使根系生活在肥沃的活土层中,可以减轻雨季积水对果树根系的涝害。 【总结】由此,我们可以知道果园土壤管理的核心是提高土壤的生产力,才能提高果树的生产力,提高果品的产量和品质。	跟随老师的问题进入思考,进行讨论	引导学生分析问题,使学生学会通过提出问题,结合生产实践解决问题

续表

教学环节	教师活动	学生活动	设计意图
使用新型土壤管理模式	【引导】各种土壤管理方法皆有利弊,综合应用可扬长避短。随着社会和经济的发展,劳力成本不断提高,果树生产竞争激烈,栽培技术将趋于果园少耕的土壤管理方法。根据长期的生产实践和栽培技术的改进,提出土壤管理的几种模式。接下来我们来学习生产上有哪些新型土壤管理模式? 如何使用这些土壤管理模式? 【讲述】**深翻 + 生草管理模式:**坡地果园土壤管理应在挖大穴或壕沟定植并逐年扩穴全园深耕改土的基础上,实行果园自然生草栽培,在青草旺盛生长时期每年割草 3～4 次覆盖树盘。每年或隔年结合冬季清园进行 15～20 cm 的中耕松土埋草。成年果园长期耕作后可再行局部轮换深耕埋肥,以保持果园深层土壤改良熟化,保水保肥,果树根系发达;表层土壤自然生草减少了耕作次数,利于保持水土,增加有机质来源;对表层土壤进行周期性改良,保持表层土壤和根系的活性。 **起垄 + 覆盖管理模式:**就是通过起垄(高于行间 20～30 cm)做成台畦形成树盘。对建园的地块在栽植的前一年结合挖定植沟进行改良,以定植行为中心挖宽 1 m、深 0.4～0.5 m 的栽植沟,沟底可放入杂草、土杂肥等,1 亩可施用 2 000～3 000 kg 土杂有机肥;回填时尽可能采用土料混合,最好将原来的表底土互换,并且将行间的表土堆向畦面,增加熟土的厚度,形成宽 1.5 m 的定植垄台。定植后,在垄畦上(树盘以外)再行生草、压草。改善根际小气候,增强土壤调节水、肥、气、热的能力,为根系的生长创造有利条件,使果树根深叶茂,树势强。 **清耕 + 覆盖管理模式:**在果树需要肥水最多的生长前期保持清耕,后期或雨季种植覆盖作物,待覆盖作物长大后,适时中耕翻入土壤作绿肥。有的果园不种绿肥,可采用割取果园周围山草绿肥或其他作物秸秆进行季节性覆盖。秋季采用 20～35 cm 深耕把表土和底土交换。这种方法兼有清耕法、生草法和地面覆盖的优点,是一种较好的土壤管理方法。	学生跟着老师的讲述,一起回顾课堂所学的内容	通过已学知识来解决现有问题,培养学生学以致用的能力

课 后 任 务

| 课后作业 | 【巩固提高】
(1)"沃土养根、养根壮树"是现代化果园高效栽培技术,其原理是什么?
(2)我国主要果园土壤类型的特性有哪些? 针对这些特性主要解决什么问题?
(3)为什么好土壤要提高土壤有机质含量、增加土壤中有益微生物? | 认真思考,考虑如何解答 | 培养学生融会贯通和综合分析的能力 |

9．教学评价

（1）过程性评价　课前信息平台访问次数、课程预习情况、课前测试。课中讨论表现、回答问题等。

（2）课后作业评价

10．思考题

（1）什么样的土壤是理想的果园土壤？

（2）基于地上地下相关性的果树促根管理措施有哪些？

（3）我国主要果园土壤类型的特性是什么？针对这些特性主要解决什么问题？

（4）什么是苹果果园土壤局部优化、分层管理技术？

（5）分析成年果园土壤管理制度的特点，旱区果园适合的土壤管理制度是什么？

（6）某果园想获得理想的土壤条件，你认为应用哪些土壤管理制度方可实现？

（7）某果园土壤有机质含量低、保水保肥能力差，如何进行改良？

（8）为什么说土壤好是果树高产优质的关键？

11．教学反思

探究是一种思维方式，本节课设计层层问题情境，使学生在自主归纳中，形成由理论到实践的探究式总结思维，有效提升了学生的自主探究能力。但是如果课前不考核学生预习效果，课堂上问题提出以后，没有认真预习的同学会显得很被动。所以在以后的教学中，一方面设计的探究问题要能激起学生思考的兴趣；另一方面要整合学生的知识和依据学生的能力，设计好方案，落实好各种准备工作，才能保证探究的顺利进行。

二、果园肥水管理教学设计

1．教材分析

本节课内容选自《总论》中第七章第二节果树营养与果园施肥，内容包括果树营养与吸收、营养诊断与平衡施肥、施肥技术、果园绿肥四个方面；以及第三节果园水分调控与管理，内容包括果树与水分的关系，果园灌溉技术、果园排水。营养是果树生长与结果的物质基础。施肥就是供给果树生长发育所必需的营养元素，并不断改善土壤的理化性状，给果树生长发育创造良好的条件。果树在其生活过程中需要多种营养元素，主要包括大量元素和微量元素。教材在第三版基础上对果树营养与吸收内容作了补充，内容更丰富更具体。水是果树赖以生存的必需因子，对果树各种生理代谢活动、细胞分裂、膨大、营养生长和生殖生长有决定性的影响。明确果树的水分关系，并因地因时调控，是果园科学管理的前提。教材从基本理论基本知识入手，旨在揭示肥水管理的实质，并为研究肥水管理技术提供依据。为落实好教材的内容，教师要突出原理和技术的辩证关系，帮助学生实现从理论认识到技术实践的飞跃。教学知识框架参见 7-5。

2．教学内容分析

本部分内容是学生在学习了土壤与植物营养学专业基础课，基本上掌握了植物需要的营养元素、根系对土壤营养吸收的过程和特点、肥料种类和合理施用后来学习的。目前，果园施肥存在对有机肥重视不够，偏重化肥施用，缺乏中量、微量元素，施肥方法不科学等问题。水分供应不稳定，会对果树造成伤害。干旱地区，常因缺水抑制果树正常生长，降低产量；湿润地区，过多水分供应常常造成果树枝叶徒长，品质下降，严重时会因为根系缺氧造成早期落叶甚

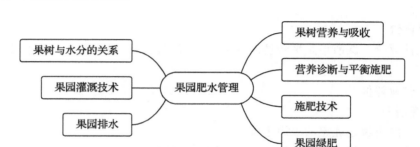

图 7-5　知识框架

至死亡。所以本节内容围绕现代果园肥水管理目标,从果园肥水管理现状、问题与高效肥水管理模式方面指导学生分析学习。重点是培养学生发现和提出问题、解决问题的能力。学生以小组为单位进行合作学习,对生产中果园施肥、灌水现状进行探究。

本节课主要采用基于项目的学习教学模式,以果园施肥、灌水为主要内容,学生通过研读文献资料,设计一个虚拟果园,进行果园营养诊断和施肥灌水研究,最后形成一个虚拟果园肥水管理指导方案。

3. 教学目标分析

(1)知识目标　通过学习,学生能够解释果树营养元素作用及相互关系、果树与水分之间的关系;能够说出果树根系吸收营养的过程和特点、水分对果树生长发育的影响;能够复述果园施肥和灌水方法。

(2)能力目标　能够进行小组合作学习,可以和同学很好地交流;会给果园施肥、灌水,熟悉果园施肥和水分调控策略。

(3)素养目标　培养学生生态意识,保护环境意识,具有可持续发展理念和行动等;激发培养学生探究思考的品质。

(4)思政目标　培养学生正确理解果树生产中节水、节肥理念,推进生态文明建设。

思政目标实施过程:肥水一体化是指集灌溉、施肥于一体的新型农业技术。通过课前完成"果园肥水一体化节水灌溉技术方案"作业,引导学生坚持节约优先,推进生态文明建设。

基于布鲁姆认知领域六层次学习目标分析参见图 7-6。

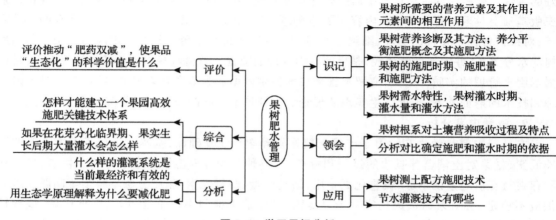

图 7-6　学习目标分析

4．学情分析

（1）知识方面　本节课理论基础是土壤与植物营养学课程的部分内容,学生对植物需要的营养元素、根系对土壤营养吸收的过程和特点、肥料种类和合理施用等知识已经了解,这对本节课学习起到了支持作用。

（2）能力方面　选择果园生产应用的实例,让学生自己设计提出具体实施方案,激发了学生的学习兴趣;通过小组合作学习,每个人都能找到存在感。学生能够根据不同果园情境和自身实际,勤于反思,选择合理有效的方法。

5．重点、难点分析

（1）教学重点　果树营养特性、果树需水特性及果园施肥灌水技术。

（2）教学难点　果园施肥、节水灌溉指导方案的制订。

6．教学模式

本节内容主要采用基于项目的学习,是一种新型教学模式,强调以学生为中心,强调小组合作学习,要求学生对现实生活中的真实性问题进行探究,其操作程序一般分为选定项目、制订计划、活动探究、作品制作、成果交流和活动评价六个步骤(图7-7)。

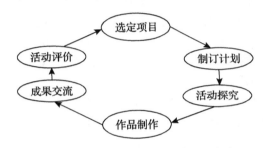

图7-7　基于项目的教学模式操作程序

7．教学设计思路

本项目"果园施肥、节水灌溉指导方案"设计思路以"教学,提升实践技能"的理念为指导,依据课程有关教学内容,按照项目导向、任务驱动的思路重构课程内容体系,通过自主查阅资料设计提升学生实践技能。项目实施过程中,采取线上线下结合的教学方法,通过课前线上安排学习任务、课外学生自主完成任务、课堂汇报评价的方式完成项目。教师通过项目任务书说明,对实际操作进行指导,引导学生在实践中思考和创新。学生以小组为单位,采取协作学习方式,选择熟悉并且感兴趣的果树,设计虚拟果园,结合施肥依据、目前国内外的果树生产技术,进行策划、构建,解决营养诊断、施肥时期、施肥方法、施肥量、灌水时期、灌水量等实际问题,通过对模拟果园设计、观察和思考取得学习成果,并在与之相似的真实情境体验中促进知识的广泛迁移,体验学习的成就感。

8．教学活动设计

课　前　准　备
1．课前预习 （1）土壤施肥的主要方法有哪些？　（2）叶面喷肥的特点及注意事项是什么？　（3）果园

灌溉方式有哪些？(4)确定施肥时期的依据是什么？(5)果树追肥有哪几个主要时期？(6)果园灌水有哪几个关键时期？(7)果树营养需求有哪些特点？(8)影响果树对土壤养分吸收利用的主要因素有哪些？(9)果树施用有机肥的适宜时期、方法、作用分别是什么？(10)果园控水时期是什么？(11)简述果树需水特性。(12)水分对果树生长发育的影响有哪些？(13)当前生产上推广的节水灌溉方法有哪些？(14)果园为什么要设置排水设施？(15)受涝后果园如何管理？(16)在新时代推进生态文明建设中我们应如何做？

2. 项目任务提出

《×××果园施肥方案》《×××果园节水灌溉方案》

3. 项目实施目标

①学生5～6人为一学习小组,在协作过程中着重培养团队合作能力及个人独立解决问题的能力。

②通过教师的指导,各学习小组讨论交流,合作探究,培养学生的学习、分析和解决问题的能力;培养学生从网络资源中搜集和处理信息的能力、获取新知识的能力。

③通过对项目的分析,并对任务进行分解,每个学生亲自参与项目实施的全过程,在实践过程中掌握相关知识,形成操作技能,将抽象的理论一步步深化、内化。

④本项目从生产实际出发,项目设计的难度与学生的知识基础和专业技能的发展水平相适应,体现了因材施教、分层教学的思想,让好的学生接受挑战,中等学生有所突破,靠后的学生学到更多的知识。

⑤通过学习小组自评互评,培养学生客观公正地评价他人和自己,取长补短;教师给予确切的评价和鼓励,让学生感受成功的喜悦,进一步激发学生的学习兴趣。

4. 项目设计内容和要求

(1)学生任选一个树种,完成果园周年施肥方案制订、果园节水灌溉技术方案制订。

施肥方案包括的内容:以年度为周期,在新的一年开始时,就对果园一年的施肥进行规划,然后按计划进行。

施肥方案主要包括以下内容:

①施肥次数与时间:确定本年中分几次施肥？什么时候施？

②肥料品种、比例和数量:确定施肥时所包含肥料(或营养元素)的种类？肥料间的比例是多少？施用量是多少？

③施肥方法:确定怎么施？

果园节水灌溉技术方案的内容:以肥水一体化为例制订技术方案。

①灌水次数与时间:确定本年中灌水次数？什么时候灌水？

②灌水技术及设备。

③灌水量。

(2)项目设计要求

①详细描述施肥方案制订的原则和方法。

②要求以小组为单位协作完成。

③课堂上每组选派一位同学讲解方案内容及制订过程。

④其他小组参与讨论,互动学习。

课前学案

果园周年施肥方案的制订原则与方法

1. 施肥次数与时间

一年中需要施几次肥,应从果树的需肥规律、土壤的保水保肥性能和肥料的供肥期三个方面来综合考虑。一般来说,果树生长旺盛时期,对养分的需求量大。熟期不同的品种,对营养的需求特点有以下的差异。

早熟品种:从萌芽开始,对养分需求不断增高,到果实快速膨大期达到最大,然后逐步降低。果实采收后,对养分的需求没有明显的高峰。

中晚熟品种:一年中有两个较明显的需求高峰。一是从萌芽期开始,到坐果期达到最高;二是果实膨大期。前期以营养生长为主,后期以生殖生长为主。

土壤方面,土壤有机质的含量和土壤质地是影响土壤保水保肥能力的主要因素。有机质和土壤胶体含量高的保水保肥力强,施肥次数可以减少;沙土的保水保肥力弱,施肥应采用少量多次。

肥料可按有机肥、无机肥和缓/控释肥料区别对待。一般来说,有机肥养分释放缓慢,肥效期长;无机肥供肥集中,肥效期短;缓/控释肥由于材料和工艺不同,肥效期差异较大,但都比传统的无机肥肥效期长。对于肥效期长的肥料,施肥次数少于肥效期短的肥料。

2. 肥料品种、比例和数量

施肥的理由是土壤的供肥能力不能满足树体的生长需求。所以,施什么肥和肥料的配比同样取决于品种和土壤两个方面,而施多少还要考虑肥料的利用率。

(1)肥料品种　根据当地土壤条件等因素确定。

(2)施肥量和比例　施肥量分全年总施肥量和各次施肥量两个方面。一般先计算出全年总的施肥量,再分配到各次施肥中。土壤供肥量常以占总需求量的百分数来计算,不同土壤间差异很大。肥料利用率受多种因素的影响,如肥料的特性、施肥时间和方法、气候条件等,不同果园之间差异也很大,每个果园应根据具体情况,确定相关参数。

(3)微量元素　微量元素的施用,可参考以下方法。

①铁:若果园有缺铁黄化现象,可施硫酸亚铁 $10\sim20$ kg/667 m^2(硫酸亚铁应没有被氧化),与有机肥混合后施入(单独施用果树难以吸收)。也可在生长季节喷铁制剂(含铁叶面肥)$2\sim3$ 次。当不再出现症状时,每年施 $2\sim3$ kg/667 m^2 硫酸亚铁。

②锌:如果有小叶现象发生,可施硫酸锌 $1\sim2$ kg/667 m^2。最好与有机肥混合后施入,也可在生长季节喷硫酸锌 $2\sim3$ 次,浓度为 $0.1\%\sim0.2\%$。当不再出现症状时,每年施 $0.2\sim0.5$ kg/667 m^2 硫酸锌。

③铜:能使用波尔多液的树种,每年喷 $2\sim3$ 次波尔多液。不能喷波尔多液的可施硫酸铜 $0.2\sim0.5$ kg/667 m^2。

④锰:每年施 0.2 kg/667 m^2 左右硫酸锰。

⑤硼:每年施 0.1 kg/667 m² 硼酸或硼砂,也可隔年施用。

3.施肥方法

为了提高施肥的效率,肥料应避免散施。宜采用沟施或穴施,以沟施为佳,其中放射状沟最理想。如果株距小,也可开条沟。沟深 30 cm 左右。不同时期的施肥部位应交替进行。

果园肥水一体化节水灌溉技术方案

(资料来源于浙江托普云农科技股份有限公司果园

水肥一体化节水灌溉技术汇总)

1.果园水肥一体化简介

灌溉和施肥是果园的两项重要管理措施,传统上灌溉和施肥都是分开进行的,这无疑成本是巨大的。灌溉和施肥同时进行是最好的措施,果树根系一边吸水,一边吸肥,就会大大提高肥料的利用率,果树生长壮旺。水肥同时管理的技术就叫水肥一体化管理技术。特别是采用管道灌溉和施肥后(果园最适于用滴灌或微喷灌),可以大幅度节省灌溉和施肥的人工,水肥一体化技术是一种科学、节省、高效的水肥管理技术。

2.果园水肥一体化节水灌溉主要技术

(1)根据作物需水生理和土壤条件(土壤容重、田间持水量、土体厚度等)设计供水系统,制订灌溉方案(灌水定额、每次灌水时间、灌水周期、灌水次数及灌溉定额)。

(2)根据作物营养生理、目标产量和土壤条件(土壤养分、土壤质地、构型等),确定施肥制度(施肥时间、次数、数量、配方比例),合理实施水肥耦合。

(3)水肥耦合操作程序:首先,将果树专用冲施肥溶解于配肥容器中。加肥前,灌溉系统先运行 15~30 min,待果园中灌溉区所有喷头正常喷水后,再启动注肥泵向输水管中加肥,调节注肥泵压力必须大于抽水机出水压力,控制加肥速率,使灌入果园的肥料浓度小于千分之一;加肥结束后,灌溉系统要继续运行 30 min 至 1 h,以洗刷管道,保证肥料全部施于果园土壤,并下渗到要求深度。

3.节水肥水一体化主要形式

(1)喷灌施肥　喷灌是利用机械和动力设备对水加压,将有压水送到灌溉地段,通过喷头喷射到空中散成细小的水滴,均匀地洒落在地面的一种灌溉方式。喷灌对土地的平整性要求不高,可以应用在山地果园等地形复杂的土地上。

采用喷灌施肥的优点:一般可节约用水 20% 以上,针对渗透快、保水差的沙土,常节水 60%~70%;有利于保持原有土壤的疏松状态;调节果园小气候,提高果品产量和质量。

(2)滴灌　滴灌是将具有一定压力的水,过滤后经管网和出水管道或滴头以水滴的形式缓慢而均匀地湿润地面的一种灌溉方式。

滴灌能为果树提供最适宜的土壤水分、养分和通气条件,促进果树生长发育,从而提高果品产量。滴灌的主要缺点是使用管材较多,成本较高,对过滤设备要求严格;不适于冻结期间使用。

（3）果树水肥一体化装置　果树水肥一体化包括滴灌施肥、渗灌施肥、小管出流施肥以及环绕滴灌施肥等方法。

环绕滴灌施肥是在原来的滴灌施肥技术基础上对滴头布置方式进行适当改进，同时配套生草覆盖、地膜覆盖（既可防治杂草，减少蒸腾，又透气性好，雨水可以渗入）等农艺措施，节水增效效果显著，适用于根系发达的梨、桃、苹果等果树，具有广阔的推广应用前景。

（4）环绕滴灌施肥核心技术

系统组成：环绕滴灌施肥首部枢纽由水泵、动力机、施肥设备、过滤设备、进排气阀、流量及压力测量仪表等组成。

每行果树布置一条灌溉支管，距树干 50 cm 处，铺设一条环形滴灌毛管，直径 1 m 左右，围绕树干铺设一条环形滴灌管；在滴灌管上均匀安装 4～6 个压力补偿式滴头，形成环绕滴灌。其中幼龄果树 4～5 个滴头，成年果树 6 个滴头，流量 4.2 L/h。

操作要点：正常年份，全生育期滴灌 5～7 次，总灌水量 110～150 m^3/667 m^2；随水施水溶肥 3～4 次，每次 3～6 kg。

果树萌芽前，以放射沟或环状沟施肥方式施入三元复合肥（20-10-20）50～60 kg，花后滴施水溶性配方肥 10～15 kg/667 m^2，N：P$_2$O$_5$：K$_2$O 比例 20：10：10 为宜。果实膨大期结合滴灌施肥 1～2 次，每次滴施水溶性（N：P$_2$O$_5$：K$_2$O 比例为 20：10：25）配方肥 10～15 kg/667 m^2 为宜。果实采收后，沿树盘开沟每 667 m^2 基施腐熟有机肥 3 000～4 000 kg。

（5）水肥一体化设备　以滴灌施肥系统为例，水肥一体化设备一般由水源系统、首部枢纽系统、输配水管网、滴头等组成。

①水源：由于滴头为精密部件，对灌溉水中的杂质粒度有一定的要求，滴灌要求粒度不大于 120 目，才能保证滴头不堵塞。如果水源过滤措施和设备符合要求，井水、渠水、河水等都可以用于滴灌。

②首部枢纽系统：首部枢纽包括动力机、水泵、施肥（药）装置、过滤设施和安全保护及量测控制设备。其作用是从水源取水加压并注入肥料（农药）经过滤后按时按量输送进管网，担负着整个系统的驱动、量测和调控任务，是全系统的控制调配中心。

③输配水管网：包括主管、支管、毛管及所需的连接管件和控制、调节设备。作用是将首部枢纽处理过的水流按照要求输送分配到每个灌水单元和滴头。布置时要求这二级管道尽量相互垂直，使得管道长度最短，水头损失最小。

④滴头（灌水器）：滴头是滴灌系统中最关键的部件，是直接向作物施水肥的设备。其作用是利用滴头的微小流道或孔眼消能减压，使水流变为水滴均匀地施入作物根区土壤中。

（6）水肥一体化中肥料的选择

①肥料的选择原则：一是溶解度、纯净度高，没杂质；二是相容性好，使用时相互不会形成沉淀物；三是养分含量较高；四是不会引起灌溉水 pH 的剧烈变化；五是对灌溉设备的腐蚀性小。同时，微量元素肥料的使用尽管很少，如果通过微灌系统施肥，就需要考虑其溶解度。

②可选择肥料的类型：一是可以直接选用市场上的专用的水溶性复合固体或液体肥料，但是这种肥料中的各养分元素的比例可能不完全满足作物的需求，还需要补充某种肥料。二是按照拟定的养分配方，选用水溶解性的固体肥料，自行配制肥料溶液。

课 堂 教 学

教学环节	教师活动	学生活动	设计意图
课堂汇报讨论	1. 教师课前预习检测 2. 教师讲解教材重点、难点内容 3. 评价施肥灌水方案并总结	学生答题、认真听讲 每组选一个人汇报，其他组互评	学生通过展示来体现他们在项目学习中所获得的知识和掌握的技能

评 价

评价内容	评分标准	分数	自评	互评	教师评价	得分
完整性	20					
学习能力	30					
创新能力	30					
学习态度	10					
协助能力	10					
综合得分						

课 后 任 务

复习巩固

9. 教学评价

项目完成评价，见评价表。

10. 思考题

(1)如何提高果树吸收养分的效率？其原理是什么？

(2)如何进行果园平衡施肥？其原理是什么？

(3)为什么说果园水分调控必须建立在改良土壤的基础上才能发挥最佳效果？

(4)请设计一个果树施肥次数和施肥量试验。

(5)综合所学专业知识，结合生产实际，为某企业设计一种果树的肥水一体化技术规程。

11. 教学反思

本节内容以学生作为主体课前完成项目任务，课中汇报讨论。通过分组训练的方式培养了学生团队协助意识，通过项目任务训练了学生查阅资料、撰写方案的能力和学生的创新思维。随着教学改革慢慢深入，学生的自学能力得到了进一步提升。

第八章　果树整形修剪教学设计

整形修剪是果树栽培管理中一项重要技术措施。它在调节果树生长发育、提早结果、增加产量、提高果实品质、减少用工、实行机械化操作等方面均有重要作用。本章教学时数为6学时,果树整形修剪的目的、作用及原则属于果树整形修剪基本理论部分,为了方便后面两节果树整形及果树修剪方法及应用的学习,本节内容采用以逻辑演绎型教学过程来设计教学活动,教师借助事实,进行分析、推理、演绎,使学生知识迁移,目标是使学生通过体验所学概念的形成过程来培养他们的思维能力。果树整形采用练习型课堂教学过程,主要培养学生实践技能,组织学生按要求进行实践,自我分析、自我评价合理的树形结构。果树修剪和修剪技术运用中注意的问题以示范型教学过程来设计教学活动。通过示范实践,学生掌握修剪要领,提高实践能力和知识综合运用能力。

一、果树整形修剪目的、作用与原则教学设计

1. 教材分析

本节课内容选自《总论》中第八章第一节果树整形修剪的目的、作用及原则。本部分内容属于果树栽培的技能部分。教材要素内容主要是整形修剪的概念术语性知识,整形修剪的目的作用及整形修剪的依据和原则概念性知识,即对整形修剪与产量、品质及环境的内在关系作出说明。从整体上看本节教学内容之间是并列逻辑关系,但与后面三节是因果逻辑关系,整形修剪的含义、整形修剪的目的作用及整形修剪的依据和原则是我们整形修剪技术实施的基本理论,要求学生必须掌握、理解。教材在本节中没有专门概述整形修剪的变化趋势。随着栽培模式的变革和科学技术的发展,果树树形及修剪技术也在发生着变化,需要在讲解时把这部分内容加上。

2. 教学内容分析

本节内容属于果树整形修剪基本理论部分,本节知识按具体知识分类属于术语知识和功能性知识,果树整形、修剪等属于术语知识,是果树学领域的基本语言。整形修剪的目的作用及整形修剪的依据和原则等知识属于功能性知识,是描述整形修剪的功能、作用、意义的知识。按抽象知识分类本节内容属于方法性知识和概括性知识,即整形修剪方法属于方法性知识,整形修剪的目的、作用、原则和发展趋势是在长期的大量事实的基础上对整形修剪的内在过程和整形修剪与环境、果实产量品质形成的关系作出说明,对整形修剪的现象作出抽象和总结。为了后面两节果树整形及果树修剪方法及应用的学习,本节内容采用教师主讲为主,结合课件和作业,让学生认知整形修剪,能够解释整形修剪的关系、分析整形修剪的作用,辨别整形修剪

的依据,特别是对修剪反应的掌握。本节课主要采用以逻辑演绎型教学过程来设计教学活动。知识框架参见图8-1。

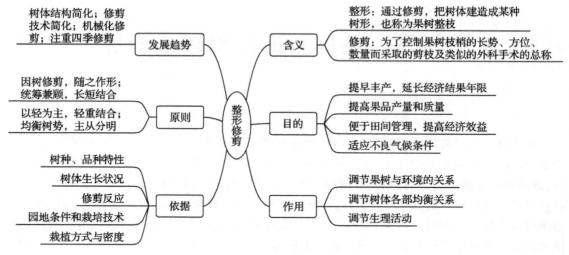

图 8-1　知识框架

3．教学目标分析

(1)知识目标　通过学习,学生能够解释果树整形修剪的含义;能够说出整形修剪的目的作用、整形修剪的依据原则、整形修剪的发展趋势;能解释和说明整形修剪的作用,揭示整形修剪的依据,并能够演绎推理整形修剪后果树生长的状态。

(2)能力目标　能够通过对内在原因和规律的揭示,培养学生认真思考、探求规律、理解原因的能力。

(3)素养目标　激发培养学生探究思考的品质,培养他们的思维能力。

(4)课程思政目标　"矛盾存在于一切事物发展的过程中",引导学生学会调节化解矛盾。思政目标实施过程:在整形修剪调节作用内容中领悟"矛盾存在于一切事物发展的过程中,贯穿于每一事物发展过程的始终",要学会调节化解矛盾。学习目标分析参见图8-2。

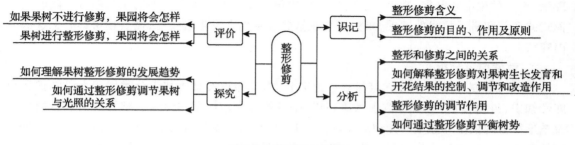

图 8-2　学习目标分析

4．学情分析

(1)知识方面　学生已经学过了果树栽培的基本理论和基本技能,并且掌握了果树枝芽特性,这为本章学习打下了基础。

(2)能力方面　通过果树栽培知识的学习,学生具备了应用知识解决实际问题的能力。

5. **重点、难点分析**

(1)教学重点　果树整形修剪的关系、整形修剪的作用和整形修剪的依据原则。

(2)教学难点　能够分析整形修剪的调节作用、整形修剪反应依据、整形修剪的原则。

6. **教学模式**

本章教学主要采用逻辑演绎型教学过程,教学设计选取生产中的果树修剪和不修剪的图片以及果树整形过程,从一棵小苗如何整成想要的树形过程展开学习,揭示整形修剪的目的作用、整形修剪的依据原则。

7. **教学设计思路**

在本章讲解中,教师提供整形修剪图像视频资料,借助资料事例,揭示整形修剪发生、发展的原因和规律,并通过演绎推理方法,使学生知识迁移升华。学生随着老师讲解认真观察听讲,思考原因,探求规律,理解原理知识(图 8-3)。

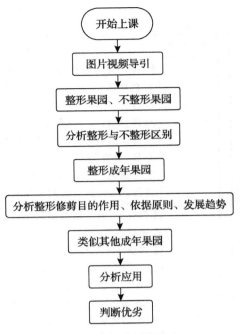

图 8-3　教学设计思路

8. **教学活动设计**

课　前　准　备
收集果园图片及修剪视频资料。

课　堂　教　学			
教学环节	教师活动	学生活动	设计意图
创设情境 导入新课	【视频链接】整形修剪视频 【PPT 图片展示】 【引入】整形修剪是果树栽培管理中一项重要技术措施,由以上视频和图片可以看到整形修剪的果园园貌整齐,果树生长发育良好,果实产量品质好。 【导入新课】本节课我们将重点讲解整形和修剪的含义关系、整形修剪的目的作用、整形修剪的依据原则、整形修剪的发展趋势。	学生认真观看新闻并认真听老师讲述的内容	联系生产实践,引起学生学习的兴趣
探索新知	【探究一:果树整形与不整形区别】 【讲解】PPT 展示 【提问】如果果树不修剪,果园将会怎样? 果树不修剪,虽有产量,但树弱,果实品质差,还会有大小年和病虫害发生,必定寿命短。 整形和修剪,骨架牢又健;果实品质好,稳产又高产;树冠很整齐,管理也方便。	跟随老师的讲解积极思考	从生产图片入手,能让学生自觉地进入下面的知识学习

续表

教学环节	教师活动	学生活动	设计意图
	【引出】整形修剪含义、整形修剪关系 果树整形:通过修剪,把树体建造成某种树形,也称为果树整枝。 果树修剪:为了控制果树枝梢的长势、方位、数量而采取的剪枝及类似的外科手术的总称。 整形、修剪是两个相互依存、不可截然分割的操作技术。整形是通过修剪来实现的,修剪又必须在整形的基础上进行。二者既有区别又有紧密联系,并互相影响		
探索新知	【探究二:整形修剪调节作用】 【视频链接】整形修剪视频 【讲解】合理整形修剪,是树木丰产、稳产、优质的基本保证。那么整形修剪在果树生长发育过程中是如何发挥作用的? 概括地讲,主要是整形修剪可以调节果树与环境的关系,合理利用光能,与环境条件相适应;调节树体各局部的均衡关系及营养生长和生殖生长的矛盾;调节树体的生理活动。下面具体进行分析。 1. 在调节果树与环境条件的关系中,最重要的是改善光合作用条件,为什么? * 植物中90% 以上的有机物质来自光合作用,光合条件作用的好坏,直接影响产量和品质。 * 调节光照条件 ①调节个体群体结构,改善光照条件。 ②树形调节:密植,小冠树形增加表面受光量,提高光能利用率;中、大型树冠,则一定要控制树高、冠径维持适宜的叶幕厚度、间距,降低光合无效区。 ③修剪上,开张角度,注意疏剪,加强夏季修剪等。 * 增加光合面积 ①适度密植、轻剪、开张角度有利于提高覆盖率、叶面积指数,幼树加强夏剪,扩大树冠。成年树维持适宜的叶面积指数。 ②多留枝,增加叶丛枝比例等。 ③种植时,整形主要考虑个体发展,尽量快速扩大树冠。密植时,主要考虑群体发展。 * 延长光合时间:落叶果树光合作用时间,春梢叶片 > 夏、秋梢叶片,所以以修剪及其他措施均应有利于促进春季叶面积的增长。 * 不同整形修剪能调节叶际、果际间的光照、温度、湿度等,进而提高叶片光合效能和改善果实品质。 2. 调节树体各局部的均衡关系 果树植株是一个整体。正常生长结果的果树,其树体各部分和器官之间经常保持着相对平衡。修剪可以打破原有	学生认真观看新闻。集中注意力,认真听讲	典型完整事实过程,激发学生探讨究竟的愿望,做好学习新知识准备。领悟"矛盾存在于一切事物发展的过程中,贯穿于每一事物发展过程的始终"

续表

教学环节	教师活动	学生活动	设计意图
探索新知	的平衡,建立新的动态平衡,使其朝着有利于人们需要的方向发展。 * 利用地上部、地下部的动态平衡规律来调节果树生长。 * 调节营养器官与生殖器官的平衡。 * 调节同类器官间的均衡。 3. 调节树体的生理活动——调节树体的营养状况 在果树的年周期中,树体内营养物质的制造、输导、消耗和积累有一定的规律性。整形修剪就是在掌握其规律性的基础上调节和控制树体营养的吸收、制造、积累、消耗、运转、分配及各类营养间的相互关系,使之向有利栽培的方向转化。		
探索新知	【讲解】整形修剪的依据 1. 根据果树的生长结果特性 2. 根据自然条件及栽培措施 3. 根据经济要求 4. 依据树势和修剪反应整形修剪的原则: 在整形修剪时,既要重视良好的树体结构的培养,又不能死搬树形。做到:因树修剪,随枝作形,有形不死、无形不乱;统筹兼顾,长短结合;因地制宜,顺其自然,加以控制,便于管理;使之既有利于早果丰产,又要有长期规划和合理安排,达到早果、高产、稳产、优质、长寿的目的。 整形修剪的发展趋势: 树体结构简化;修剪技术简化;机械化修剪;注重四季修剪。	学生认真观看新闻。集中注意力,认真听讲	应用PPT图片,结合生产实践,详细讲解整形修剪的依据原则,使学生更加直观、生动地理解记忆
提出问题,引导学生分析应用,进行判断	【提问】 1. 如何解释整形修剪对果树生长发育和开花结果的控制、调节和改造作用? 2. 为什么果树要实行一年四季修剪? 3. 如何通过整形修剪平衡树势? 4. 如何理解果树整形修剪的发展趋势?	学生进行讨论,得出结论	基于问题—解决教学模式来进行教学活动
课堂小结	【小结】 今天我们详细讲解整形修剪含义、整形修剪目的作用、整形修剪依据原则、整形修剪发展趋势,重点是整形修剪的调节作用,请大家课后认真总结与复习。	集中注意力,回忆课堂片段,书中勾画重点	培养学生对知识的归纳总结能力

课 后 任 务

| 课后作业 | 【巩固提高】
利用所学知识,以本节内容为主设计一个原理、现象之间互相推理的思维导图。
思考题:
(1)果树整形修剪的目的和意义是什么?整形修剪的作用是什么?
(2)如何理解果树整形修剪的发展趋势? | 认真思考,考虑如何解答 | 培养学生融会贯通和综合分析的能力 |

9. 教学评价

(1)过程性评价　课中讨论表现、回答问题等。

(2)课后作业评价

10. 思考题

(1)如何解释整形修剪对果树生长发育和开花结果的控制、调节和改造作用？

(2)如何理解果树整形修剪的发展趋势？

(3)为什么果树要实行一年四季修剪？

(4)如何通过整形修剪平衡树势？

(5)如果果树不修剪，果园将会怎样？

(6)从整形修剪的目的、作用分析，为什么会出现果树低产园？

11. 教学反思

本节课由不修剪果园的现状入手，分析修剪和不修剪果园的结果，进而推导出果树整形修剪的作用、依据、原则和整形修剪的趋势，由现象推出原理。通过生产事例，激发出学生的学习热情，提高了学生的发散思维能力；同时又让学生初步感知演绎推理，体会到学习专业知识的实用性，使学生保持良好的、积极的情感体验。但授课中发现，学生对果树整形修剪知识不是特别理解，再加上一部分同学比较分析问题的方法没有掌握，思考问题的逻辑性不强，比较的实质就把握不住，导致逻辑演绎型教学方法效果没有体现得特别好。所以下一轮课教师要把逻辑主线设计好，引导学生由现象推出原理。

二、果树整形教学设计

果树整形是将果树的骨干枝和树冠整理成一定结构和形状，使植株骨架牢固，枝叶分布适当，能充分利用光能，有利于树势健壮，使果树早产、丰产、优质、高效，且便于管理。整形时间主要在幼树期，成形后仍须通过每年的修剪调整，以维持良好的树形。果树植株群体及其相互间所表现的生产能力反映整个果园总产量、单位面积平均产量和果品质量水平，表示果树在一定面积内的综合生产能力。果树个体树体的大小、形状、间隔、结构等，影响到果树群体光能利用和劳动生产率，与果园早果、丰产、优质、低耗、高效关系密切。二者有区别有联系，是个体与群体、局部与整体的有机关系。本节课采用练习型课堂教学过程，学生通过视频图片资料，对果树群体结构、个体结构、不同树形基本要素进行学习，提出评价生产中不同树形结构的相应标准，组织学生按要求进行实践，并自我分析、自我评价合理的树形结构。

1. 教材分析

本节课内容选自《总论》中第八章第二节果树整形。本节教学点内容主要包括果树群体结构、果树个体结构、主要树形特点。教材要素内容主要是事实性知识，即果树个体结构、群体结构和果树树形具体细节和要素的知识。本节教学内容与后面第三、第四节内容之间是并列逻辑关系，它们密切相关、互为依存。教材在本节中没有专门讲解不同树形整形过程，需要在教学内容中补充主要树形整形过程。本部分内容属于果树栽培的技能部分。在教学中要突出示范性，突出学生对树体结构和树形的标准掌握。认识树体结构和树形是果树栽培的技能，在教学中要强调结构和树形规范要求，并加强对学生识别训练。

2. 教学内容分析

整形修剪是果树生产管理中最为重要的实践环节之一。本节课主要介绍果树树体基本结构,明确不同结构在果树产量形成过程中的作用,重点掌握不同果树树种常见树形结构及其特点,了解1～2种典型树形整形过程。通过提供不同树形,教师给学生分解树体群体个体结构,提出最佳群体个体结构的相应标准,要求学生能够观察生产实践中的资料,能够自我分析,自我评价树体结构和树形。教学知识框架参见图8-4。

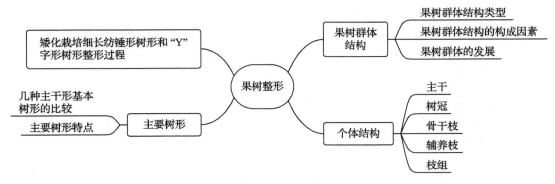

图8-4　知识框架

3. 教学目标分析

(1)知识目标　通过学习,学生能够辨别果树树体结构基本特征,学会果树树体结构调查方法;能分析不同树形结构,比较不同树形结构异同,能判断生产中各种果树结构的优劣;能归纳不同树形特点,掌握生产上常用树形的整形过程。

(2)能力目标　能够通过利用果树整形的理论知识和技能对达到果树丰产优质目标提出解决方案。

(3)素养目标　激发培养学生理论联系实践,解决生产问题的能力。

(4)课程思政目标　坚持新时代中国特色社会主义思想的方法论,运用系统观念,正确处理果树个体结构(部分)与群体结构(整体)的关系,既要研究一棵果树,更要看到一个果园,为果园整体持续良好发展打好基础。

课程思政实施过程:在讲授果树群体结构和个体结构时培养学生系统观。学习目标分析参见图8-5。

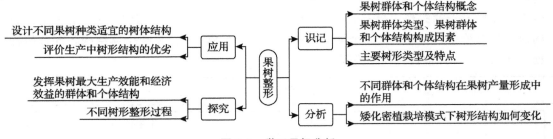

图8-5　学习目标分析

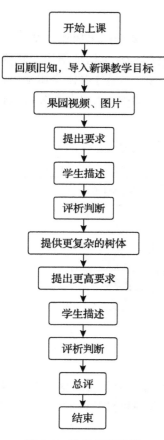

开始上课

回顾旧知，导入新课教学目标

果园视频、图片

提出要求

学生描述

评析判断

提供更复杂的树体

提出更高要求

学生描述

评析判断

总评

结束

图 8-6　教学设计思路

4. 学情分析

（1）知识方面　学生已经学过了果树整形修剪的目的、作用、依据和原则，这对学习果树树体结构、树形起到了铺垫和支持作用，学生可以利用第一节学习的整形修剪理论解释树体结构和树形。

（2）能力方面　通过果树栽培知识的学习，学生具备了应用理论知识解决实际问题的能力。

5. 重点、难点分析

（1）教学重点　果树群体结构和个体结构、果树树形。

（2）教学难点　果树不同群体结构和个体结构、树形的分析。

6. 教学模式

本章内容主要采用练习型的教学过程，教学设计选取生产中的果园、果树植株、果树整形过程资料，教师引导学生分解树体结构组成因素，组织学生按照树体结构进行实践，并提出评价树体结构的标准。同时，学生通过教师提供的材料按照要求进行实践，并自我分析、自我评价。

7. 教学设计思路

在本章讲解中，教师为学生提供果树树体结构、树形的形态、变化及发展过程的视频、图片等作为观察对象，学生通过观察来描述被观察的对象，思考原因，探求规律，理解原理知识（图 8-6）。

8. 教学活动设计

课 前 准 备
1. 在雨课堂或其他教学平台上传课件、视频等学习资料 2. 课前检测题（认知性问题） （1）名词解释：主干、干高、中心领导枝、树高、冠径、冠形指数、主枝、侧枝、层间距、层内距、中心干、骨干枝、辅养枝、结果枝组。（2）生产上应用的有中心干的树形主要有哪些？生产上无中心干的树形主要有哪些？（3）果树群体结构的类型有哪些？（4）群体结构的构成因素有哪些？（5）果树的个体结构由哪些部分组成？（6）果树个体结构各部分的特征是什么？（7）如何进行树形整形？

课 堂 教 学			
教学环节	教师活动	学生活动	设计意图
导言	【回顾】果树整形修剪的目的、作用及原则，导入新课教学目标： 1. 如何从果树群体结构特点考虑整形修剪问题？	认真听讲，记录学习任务	学生明确学习的中心任务

续表

教学环节	教师活动	学生活动	设计意图
导言	2. 分析果树个体结构及制订不同条件下适合的个体结构。 3. 树形特点及有中心干和无中心干常用树形整形过程。		
展示图片视频资源探索新知	【提供观察对象】提出要求:从图片和视频资源中要求学生完成任务一。果树群体虽由果树个体组成,但它有自己的特性和发展规律,随着果树密植程度的提高,群体特性更加重要,所以有必要从果树群体结构特点来考虑整形修剪问题。 任务一:如何从果树群体结构特点考虑整形修剪问题 1. 视频图片资料中果树群体结构分布属于哪种类型? 2. 群体结构随着生命周期和年龄周期的变化而呈现什么样的动态变化? 3. 果树群体结构的构成因素有哪些? 【总结】1. 从生命周期来看,幼龄果园植株间隙大,光能利用率低,此期修剪的主要目的是轻剪、多留枝,迅速扩大树冠,增加枝量、覆盖率和叶面积系数,促进枝类转化,迅速建成丰产的群体结构;成龄阶段重点是精细修剪,稳定结构,控制树高、冠径,保证行间适当的间隔和合理的覆盖率,稳定枝类组成和花果留量,适时更新,维持较长的盛果期年限。 2. 从年周期来看,从春到秋,随着枝梢和叶片的生长,叶幕形成,果树群体的截光量加大。生产上,叶幕形成越早越好。叶幕形成与中短枝比例和停止生长的早晚密切相关,因此,通过合理修剪,增加中短枝比例,促进营养积累和中短枝提早停长,意义重大。 3. 丰产苹果树的群体结构,是指在单位面积上,组成果园群体的一些基本因素,如营养面积利用率、树冠交接率、单位面积上的总枝量、总叶量、叶面积系数和花枝率等,要求能保持适当的比例,并长期得以保持。	学生进行讨论,得出结论	引导学生分析问题,提高学生分析判断能力
探索新知	任务二:分析果树个体结构及制订不同条件下适合的个体结构 1. 乔木果树地上部包括哪几个部分? 2. 如何确定主干高度? 3. 如何构建果树高效栽培科学合理的树形结构? 【总结】树形构建要根据果树生命周期长的特点,在栽培周期内,依据树种特性、品种习性、立地条件等自然特性和土肥水管理水平,在提高光能利用、调整结果分布、提高果实品质、稳定产量和修剪技术措施应用等方面进行。	学生进行讨论,得出结论	引导学生分析问题,提高学生分析判断能力。通过群体结构和个体结构分析培养学生的系统观
探索新知	任务三:树形特点及乔化、矮化常用树形整形过程 1. 主要果树树形及特点是什么? 2. 矮化栽培细长纺锤形树形和"Y"字形树形整形过程。	学生进行讨论,得出结论	引导学生分析问题,提高学生分析判断能力

续表

教学环节	教师活动	学生活动	设计意图
探索新知	【总结】 1. 细长纺锤形树形特点:①树体培养成形快,中央领导干生长保持绝对优势。主枝粗度是主枝着生处主干粗度的1/3~1/4,结果枝基部粗度也是着生处主枝粗度的1/3~1/4。树体成形后,生长季叶幕层呈柱形立体分布,树冠光能利用率高。②主枝在中央领导干上分布不分层,在主干上,主枝由下向上螺旋式排列,间隔12~15 cm插空均衡排列,主枝生长呈水平状或略下垂状,生长势平稳,结果能力强,通风透光好,果品质量好。③主枝上不留侧枝,直接着生单轴延伸的长放结果枝组,树体骨架级次少。④适宜的密度为:行株距(4~5)m × 2 m,亩栽66~83株。适宜的栽培类型为矮化密植类型。 2. "Y"字形树形特点:①通风透光好,果实品质高。"Y"字形树只留两个主枝,叶幕呈层状分布,厚度1.5~2 m,光照充足,果实品质好。②便于作业。行间较宽,主枝少,结果部位相对集中,施肥、疏花疏果、喷药等均较方便。③需要设立支架。④乔化、矮化树均适宜。 3. 矮化栽培细长纺锤形树形和"Y"字形树形整形过程见相关理论知识。		
提供复杂果园、树形图片	教师点评	学生描述、评析判断	引导学生分析问题,提高学生分析判断能力
课堂小结	【小结】 今天我们一起分析评判了果树合理的群体结构和个体结构,从果树群体结构特点考虑生命周期和年生长周期整形修剪问题,分析了果树个体结构及树形特点。大家要学会丰产树体结构构建,课后认真总结与复习。	集中注意力,回忆课堂片段,书中勾画重点	培养学生对知识的归纳总结能力

课 后 任 务

课后作业	【巩固提高】 利用所学知识,设计乔化砧、矮化砧,仁果类、核果类适宜的丰产树体结构	认真思考,考虑如何解答	培养学生融会贯通和综合分析的能力

9. 教学评价

(1)过程性评价 课中讨论表现、回答问题等。

(2)课后作业评价。

10. 思考题

(1)果树群体结构的类型有哪些?什么样的群体结构利于光合效能的提高?

(2)群体结构的构成因素有哪些?各因素之间有何关系?

（3）果树的个体结构由哪些部分组成？果树个体结构各部分的特征是什么？

（4）为什么在果树整形修剪时，要注意枝组的培养和更新？其培养更新方法有哪些？

（5）什么是果树的树势均衡？为什么说树势均衡和保持从属关系是整形修剪中较难掌握的一个方面？

11．教学反思

本节课在课堂中，运用媒体为学生提供果园群体结构、果树个体结构和各种树形作为观察对象，学生通过观察，结合任务在老师的帮助下讨论得出任务结论，最后用语言描述被观察对象。当堂进行练习，学生学习的主动性得到了提高，在交流讨论过程中，学生发现问题可以相互提问，相互补充，达到了预期的教学效果。

三、果树修剪教学设计

在实际生产过程中，不同果树品种、不同树龄树势、不同砧木、不同负载量、不同生态条件、不同生产管理模式等，都影响到果树的整形修剪方式。要求学生了解修剪基本技术方法及其原理，做到灵活运用，增强专业动手能力，提高个人素质，满足用人单位需求。本节以示范型教学过程来设计教学活动。通过视频给学生示范模仿标准修剪方法的操作规范，分不同修剪方法让学生进行模仿并分析其理论基础和修剪依据，最后整体归纳，重复播放视频，学生完整模仿，总结强化。

1．教材分析

本节课内容选自《总论》中第八章第三节果树修剪和第四节修剪技术运用中应注意的问题。本节教学重点内容主要包括果树修剪的生物学基础、修剪方法及作用、修剪时期、修剪技术运用中应注意的问题。本部分内容属于果树栽培的技能部分，在教学中要突出示范性，突出学生对修剪方法及其综合运用的掌握，并能解释修剪方法应用的理论基础。教学知识框架参见图 8-7。

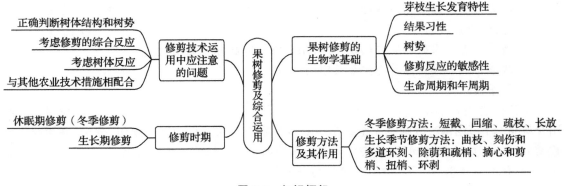

图 8-7 知识框架

2．教学内容分析

整形修剪是果树生产管理中最为重要的实践环节之一。本节课主要介绍果树修剪方法及修剪方法的综合运用，重点掌握果树修剪方法及作用、修剪方法的综合运用。教师提供不同修剪方法视频或者 PPT 等可视化资料作为示范，使学生初步学会不同修剪方法，并能表述其作用,之后,教师通过资料进一步展示不同修剪方法,让学生模仿学习,并进一步分析不同修剪方法在生产上如何应用;最后整体归纳,总结强化不同修剪方法及其综合运用。

3. 教学目标分析

(1)知识目标　通过学习,学生能够学会果树整形修剪的方法及作用,比较不同修剪方法;能分析不同修剪方法的生物学基础及修剪反应;能判断修剪方法如何综合运用。

(2)能力目标　能够进行果树冬季和生长季修剪,并能进行修剪方法综合运用。

(3)素养目标　激发培养学生理论联系实践,解决生产问题的能力。

(4)课程思政目标　培养学生的专业精神和创新意识。

思政目标实施过程:"水渠理论"是张文和老师三十多年不断认识、实践、再认识、再实践而逐渐形成的,是经验与创新的结晶。在讲授修剪方法时运用该理论知识,不仅便于学生掌握不同修剪方法的作用,还可促使学生领悟老一辈专家兢兢业业为果树生产发展积极贡献和创新的精神。

学习目标分析参见图8-8。

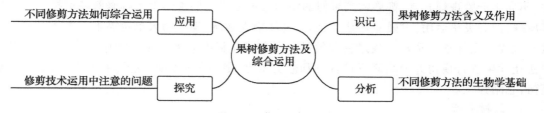

图 8-8　学习目标分析

4. 学情分析

(1)知识方面　学生已经学过了果树整形修剪的目的、作用、依据和原则及果树整形,这对学习果树修剪方法起到了铺垫和支持作用,学生可以利用第一节学习的整形修剪理论解释果树修剪方法的综合运用。

(2)能力方面　通过果树栽培知识的学习,学生具备了应用知识解决实际问题的能力。

5. 重点、难点分析

(1)教学重点　果树修剪方法及作用,果树修剪方法综合运用。

(2)教学难点　果树修剪方法及其应用。

6. 教学模式

本章内容主要采用示范型的教学过程,教学设计选取生产中的果树修剪方法视频、录音、图片等资料作为示范,教师首先组织学生对各种修剪方法及作用进行模仿、分析,并探究不同修剪方法运用中注意的问题,接着进一步分冬季和生长季修剪方法进行示范,引导学生评价分析,再整体归纳修剪方法及其应用,最后总结强化。

7. 教学设计思路

在本章讲解中,教师通过视频、图片为学生展示果树修剪方法,学生通过观察来描述被观察的对象,思考不同修剪方法及作用,分析修剪方法的生物学基础,探究修剪方法综合运用。教学设计思路见图8-9。

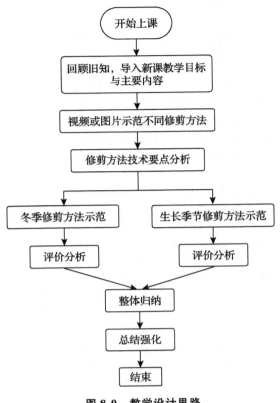

图 8-9　教学设计思路

8. 教学活动设计

课 前 准 备
雨课堂或其他教学平台上传课件、视频等学习资料。

课 堂 教 学				

教学环节	教师活动	学生活动	设计意图
导言	【回顾】果树群体结构、个体结构、主要树形，导入新课教学目标：学会果树整形修剪的方法及作用，比较不同修剪方法；能分析不同修剪方法的生物学基础及修剪反应；能掌握修剪方法如何综合运用。 教学内容： 1. 修剪方法及作用。 2. 分析不同修剪方法的应用及综合运用中注意哪些问题。	认真听讲，记录学习任务	学生明确学习的中心任务

续表

教学环节	教师活动	学生活动	设计意图
示范修剪方法图片视频等资源 探索新知：修剪方法技术要点分析	【提供示范资料】提出要求：通过图片和视频资源展示，要求学生完成教学任务一。果树基本修剪方法包括短截、缩剪、疏剪、长放、曲枝、刻伤、除萌、疏梢、摘心、剪梢、扭梢、拿枝、环剥等多种方法。了解不同修剪方法及作用特点，是正确采用修剪技术的前提。 **任务一：修剪方法及作用** 1. 果树基本修剪方法有哪些？ 2. 各种修剪方法在何时应用？ 3. 各种修剪方法的作用是什么？ 4. 张文和的"水渠论"假说主要内容是什么？ 【总结】1. 从时间上分类，果树修剪方法可以分为冬季修剪方法和生长季修剪方法。冬季修剪方法主要包括短截、回缩、疏枝、长放；生长季修剪方法主要包括曲枝、刻伤、除萌、疏梢、摘心、剪梢、扭梢、拿枝、环剥等。 2. 从修剪时期看，实行一年四季修剪。冬剪是为了增强树势，调整骨架，培养枝组；春剪是为了调节花量，缓和树势；夏剪是为了解决光照，控制旺长，促进花芽形成；秋剪是为了解决光照，提高芽的质量，促进果实着色。 3. 修剪方法的作用：①短截作用是刺激剪口下侧芽萌发，促发分枝；减少枝叶量；改变顶端优势，控冠控梢。②回缩作用是更新复壮，控制枝条生长势。③疏枝作用是减少分枝，使树冠内光线增强；削弱整体和母枝势力。④长放作用是缓和枝条势力，增加中、短枝量，有利于营养物质的积累，促进旺树、旺枝形成花芽，提早结果。⑤刻芽作用是发芽前在芽、枝上方刻伤，促进切口下的芽、枝萌发和生长。⑥摘心、扭梢、环剥、拿枝等夏季修剪是为了促进花芽分化。	学生进行要点分析	引导学生分析问题，提高学生分析判断能力。从张文和的"水渠论"分析不同修剪方法的作用，形象生动，便于理解
冬季修剪方法示范 探索新知：冬季修剪方法评价分析，整体归纳	**任务二：分析不同修剪方法的应用及综合运用中应注意哪些问题** * 冬季修剪方法应用 1. 提高成枝力，增加骨干枝牢固性用哪种修剪方法？通过哪种修剪方法可以改变枝条角度和延长枝方向？如何进行操作？ 2. 对发枝力强的品种和发枝力弱的品种，短截方法如何利用？ 3. 什么情况下使用回缩方法？回缩剪口大于剪口下第一分枝时，会对分枝生长势和第二、第三枝生长势起到什么作用？ 4. 疏枝的对象有哪些？什么情况下使用长放方法？	学生进行讨论，得出结论	引导学生分析问题，提高学生评析判断能力

续表

教学环节	教师活动	学生活动	设计意图
冬季修剪方法示范 探索新知：冬季修剪方法评价分析，整体归纳	5. 用芽的异质性解释短截反应。如何理解短截反应取决于短截程度和剪口附近芽的质量？ 【总结】修剪具体采用哪种方法，应根据树种、成枝力、树势灵活掌握，做到疏、截、缩、放相结合。在现代果树修剪技术运用中，主张在疏枝和长放修剪的基础上，适度采用回缩方法，除中心干主枝、延长枝外，基本不用短截手法。通过上面评价分析，加深学生对果树修剪方法综合应用的理解和认识。		
生长季节修剪方法示范 探索新知：修剪方法评价分析，整体归纳	* 生长季修剪方法应用 1. 芽上刻芽和芽下刻芽的作用分别是什么？应用刻芽方法时应该注意哪些问题？ 2. 环剥时应该注意哪些事项？ 3. 规范的摘心技术方法是什么？ 4. 拉枝的时间和拉枝的角度如何把握？ 【总结】(1)夏季修剪要把握好时机，根据树势和生长情况选择修剪方向，错过时机还容易出现相反的结果。以 5—8 月最佳，过早不利于树体生长，过晚不利于花芽形成。一般环剥从 5 月下旬到 6 月上旬最好；扭梢、摘心从 5 月下旬到 7 月上旬都可进行；短截、疏枝、拉枝最好在立秋以后进行。 (2)注意夏剪对象：根据树龄、品种特性和当地自然条件来控制树势，夏剪主要作用是缓和树势，促进花芽分化，注意幼树、旺树、旺枝。处于弱势生长条件下的树一般不进行夏季修剪。 (3)控制夏剪量：夏剪正值果树生长旺季，既是消耗养分和制造养分的旺盛时期，也是营养生长和生殖生长矛盾突出的时期。夏剪对树体生长抑制作用较大，应从轻修剪，以免削弱树势或造成冒条。	学生回答问题	引导学生总结问题，提高学生综合思考能力。引导学生感悟"以科技创新驱动产业高质量发展"
总结强化		学生描述、评析判断	引导学生分析问题，提高学生评析判断能力

	课 后 任 务		
课后作业	【巩固提高】 利用所学知识，设计乔化砧、矮化砧、仁果类、核果类适宜的丰产树体结构。	认真思考，考虑如何解答	培养学生融会贯通和综合分析的能力

9. 教学评价

（1）过程性评价　课前信息平台访问次数、课程预习情况、课前测试。课中讨论表现、回答问题等。

（2）课后作业评价

10. 思考题

（1）分析果树不同修剪方法的原理。

（2）如果当地某果树多年不修剪，你如何进行修剪？

（3）生产上轻简省力化修剪策略有哪些？

（4）修剪技术在运用中应注意哪些问题？

（5）为什么说修剪反应是检验修剪是否正确的客观标准？

（6）为什么说果树枝芽特性是修剪的重要依据？

（7）为什么说果树的结果习性和特点是修剪的重要依据？

11. 教学反思

本节课设计为操作模仿示范教学。果树修剪技术是实践性很强的技术，如果没有图示和案例，仅理论讲解学生很难理解。通过示范分析，能提高学生学习技术的兴趣，利于激发学生的创新思维和实践能力。为了达到更好的教学效果，教师应该建立一个示范视频或图片资源库，包括不同修剪方法、修剪反应及生产上存在的问题等。

第九章 花果管理教学设计

　　果树生产的主要目的是获得优质、高产、安全的商品果实。加强果树的花期和果实管理，对提高果品的商品性状和价值，增加经济效益具有重要意义。本章在概述花果管理的调节、果实管理、果实采收及采后管理的基础上，结合第三章开花坐果、果实发育基本原理，重点以"问题—解决"教学模式来设计教学活动，讨论实现优质、丰产、稳产和壮树的重要技术问题。本章思政目标着重创新和钻研精神，着重发展学生实事求是的心理、爱学好问的态度、追求新知识和探索新境界的愿望。

　　1. 教材分析

　　本节课内容选自《总论》中第九章花果管理。本部分内容属于果树栽培的技能部分。本章教学重点内容包括花果数量的调节、果实管理、果实采收及采后管理。教学内容属于基本技能方面，结合前人研究成果阐述各项栽培技术操作方法及应用效果。教学重点内容结构清晰，前后关联，逻辑性强。本部分栽培技术理论基础在第三章第四节，所以本部分内容教学应该"理论—技术"结合起来设计教学活动，让学生"知其然"更要"知其所以然"。教学知识框架参见图9-1。

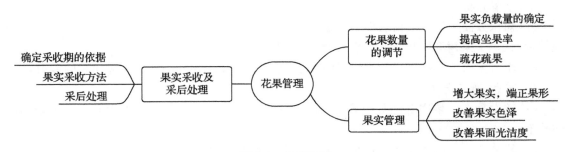

图 9-1　知识框架

　　2. 教学内容分析

　　果树栽培学是一门应用性技术科学。本章内容属于栽培技术部分，在知识方面要使学生学会用于花和果实上的各项技术措施，这些栽培技术可以通过学习教材四级标题目录掌握，即章目录—节目录—大标题目录—小标题目录。教师可以设计相应生产上的问题情境，如生活和生产真实的情境，适当引导学生，帮助他们巩固第三章基本理论知识，同时指导他们利用本章栽培技术解决生产上的问题，并且用第三章理论原理解释本章技术措施，从而能从知识的学习迁移到问题解决的能力上。教师以情境、问题为主线，注重课堂导向问题的设置，引导学生学习。

3．教学目标分析

（1）知识目标　通过学习，学生能够解释花果管理、适宜负载量的含义、主要表现；能够说出确定负载量的依据、提高坐果率措施、增大果实、端正果形的措施、改善果实色泽的方法、判定果实成熟度的方法；能对提高坐果率、疏花疏果和提高果实外观品质的技术进行解释和说明。

（2）能力目标　能够通过一些栽培技术找出其内在规律和原理，培养学生深刻的思维能力。以问题的发现、探究和解决来激发学生的求知欲和主体意识，培养学生的实践和创新能力。

（3）素养目标　激发学生理论联系实际的科学态度，引导学生在解决问题过程中发现更多的好问题，想出更多的好办法，培养他们解决问题的能力。

（4）课程思政目标　培养学生的专业认知能力，增强学生推广新技术的责任心和使命感，为"全面推进乡村振兴，全面建设社会主义现代化国家"注入源动力。

课程思政实施过程：导入新课时，通过提问融入思政教育，培养学生专业认知，增强其推广新技术的责任心和使命感。

学习目标分析参见图 9-2。

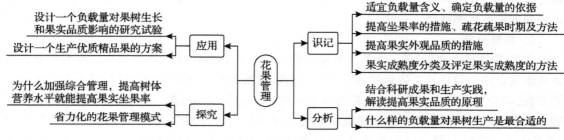

图 9-2　学习目标分析

4．学情分析

（1）知识方面　学生之前已经学过了果树栽培的基本理论和基本技能，掌握了果树综合管理技术，认识了果树开花坐果和果实发育知识，为这章学习打下了基础。

（2）能力方面　通过果树栽培知识的学习，学生具备了应用知识解决实际问题的能力。

5．重点、难点分析

（1）教学重点　果实合理负载确定，提高坐果率措施、疏花疏果措施及提高果实外观品质的技术。

（2）教学难点　能够设计果园花果管理的技术方案，能解决生产中的问题。

6．教学模式

本章内容主要采用基于真实情景的"问题—解决"教学模式来设计教学活动，教学设计选取生产中的案例作为课堂教学的背景，以学科知识为支撑，围绕生产背景生成问题，展开讨论，进行批判性思考和实践探究，得出结论，通过应用又产生新的问题，使学生思维不断得以发展和升华。

7．教学设计思路

课堂教学不仅要关注学生对知识的掌握程度，更要关注学生获取知识的途径和方法。在本章讲解中，根据课程知识与能力、过程与方法、情感、态度和价值观三维教学目标，紧紧依托"课堂"这一主阵地开展教学，进行探索，形成"创设情境—提出问题，自主探究—感悟问题，合作交流—形成共识,总结反思—共同提高"的"问题—解决"教学模式。具体教学设计思路参见图 9-3。

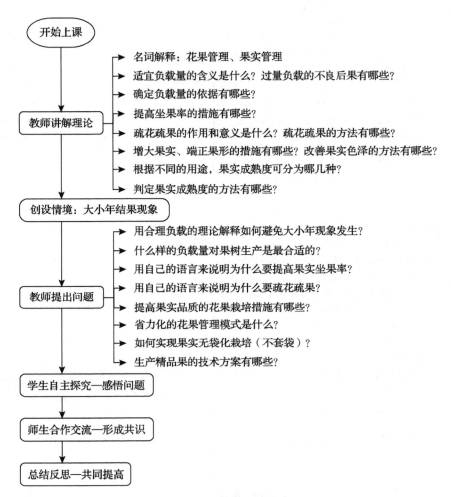

图 9-3　教学设计思路

8. 教学活动设计

课 前 准 备
资料准备 　[1]秦梦,秦明凤,秦燕,等. 苹果树大小年形成的原因及其克服技术[J]. 中国南方果树,2014,43(6):135-136. 　[2]李军,万君祥. 果树大小年结果原因与调整措施[J]. 西北园艺(果树),2018(5):19-20. 　[3]王田利. 梨树大小年结果现象发生的原因及对策[J]. 农村百事通,2020(24):40-41. 　[4]刘志华. 果树"大小年"研究进展与生产实践[J]. 现代农村科技,2020(7):41-42.

课 堂 教 学

教学环节	教师活动	学生活动	设计意图
新课导入	【复习回顾】首先,带领学生回顾第三章第四节学过的果树坐果、落花落果、果实生长发育、果实的品质形成等知识。 【提出问题】果树是农民增收致富的重要途径,作为果树生产管理者,我们如何通过技术才能提高果品产量、质量和产值?引出本章内容——花果管理。	学生准备课本,翻阅笔记跟着老师一起回顾旧知识。同时思考回答问题	回顾旧知识,达到巩固作用,文献资料引入,激发学生思考,引入新课,通过提问融入思政教育,培养学生的专业认知能力,增强学生推广新技术的责任心和使命感
新课讲解	【老师讲解】 1. 名词解释:花果管理、果实管理。 2. 花果数量调节:适宜负载量的含义、过量负载的不良后果、确定负载量的依据;提高坐果率的措施;疏花疏果的作用和意义、疏花疏果的方法。 3. 果实管理:增大果实、端正果形的措施,改善果实色泽的方法、改善果实光洁度的方法。 4. 果实成熟判定、采收及采后管理:根据不同的用途,果实成熟度的分类方法、判定果实成熟度的方法、果实采收及采后管理。	集中注意力,认真听讲	应用板书和PPT图片,详细讲解,使学生直观地理解记忆
创设情境	【老师讲解】图片结合文献展示果树大小年频繁发生的现象、果实套袋、精品果生产等生产现状。	集中注意力,认真听讲。同时思考花果管理生产中亟待解决的问题	应用PPT图片和视频资料,结合生产实践,使学生更加直观、生动地感受果树大小年现象
提出问题	【老师提问】 1. 用合理负载的理论解释如何避免大小年现象发生? 2. 什么样的负载量对果树生产是最合适的? 3. 用自己的语言来说明为什么要提高果实坐果率? 4. 用自己的语言来说明为什么要疏花疏果? 5. 提高果实品质的花果栽培措施有哪些? 6. 省力化的花果管理模式是什么? 7. 如何实现果实无袋化栽培(不套袋)? 8. 生产精品果的技术方案有哪些?	认真记录	基于真实情境的问题—解决教学模式来进行教学活动
学生自主探究、感悟问题	老师记录学生交流情况,并给出资料,结合以上问题,引导学生讨论,并回答学生问题。 [1]丁磊.果树隔年结果现象综合分析.北方园艺,1999(1):30-31. [2]叶新福.以色列现代果业技术及我国精品果业发展的思路.福建果树,2012(3):1-3. [3]唐波.望谟精品果业产销两旺甜心间.当代贵州,2021(42):58-59.	学生随堂收集素材、资料,提出假设,引发争论,进行批判性思考和实践探究,得出结论	基于真实情境的问题—解决教学模式来进行教学活动

续表

教学环节	教师活动	学生活动	设计意图
师生合作交流、形成共识	【老师提问】结合上述生产案例提问 (1)如何实现果业有序健康发展,让果品精品、设施现代、品质优质、环境生态持续稳定成为可能? (2)望谟县立足本地气候资源优势,是如何以贵州省农业科学院、黔西南州喀斯特研究院等单位为技术依托,打造"两江一河"精品果业的?	围绕生产背景生成问题,师生合作展开讨论,进行批判性思考和实践探究,得出结论	通过应用产生的问题,使学生思维不断得以发展和升华

课 后 任 务

1. 设计一个负载量对果树生长和果实品质影响的试验研究
2. 设计一个精品果生产技术方案

9. **教学评价**

（1）过程性评价　课前信息平台访问次数、课程预习情况、课前测试。课中讨论表现、回答问题等。

（2）课后作业评价

10. **思考题**

（1）套袋果实和不套袋果实各自的优缺点是什么?

（2）请你用自己的语言来说明为什么要提高果实坐果率? 为什么要疏花疏果?

（3）请用合理负载的理论解释如何生产优质精品果。

（4）如何实现果实无袋化栽培（不套袋）?

（5）为什么加强综合管理,提高树体营养水平能提高果实坐果率?

11. **教学反思**

本节课基于"问题—解决"教学模式,在教师讲解过程中,通过问题导引和生产案例的解决,突出了重点,突破了难点。在教学过程中,教师要引导学生共同探究,鼓励学生思考问题,在宽松的氛围下促进学生快乐学习。

第十章 果园的灾害及预防教学设计

　　自然灾害通常是指在农业生产过程中,发生或导致农业显著减产的不利天气或气候条件的总称。果树经常遭受的自然灾害有很多,本章教学对教材内容进行了取舍,主要对果园冻害和霜冻害、旱害和冻旱、日灼的基本概念和类型、发生的原因以及预防措施进行简单介绍。本章教学时数为2学时,主要采用探究发现型教学模式设计教学过程,围绕"果园自然灾害的特点、成因及预防"展开学习,以问题解决为中心,注重学生的独立活动,逐步引导学生分析问题、理解问题、解决问题。思政方面着眼于学生的思维能力、问题解决能力的培养。

　　1. 教材分析

　　本节课内容选自《总论》中第十一章果园的灾害及预防。本章内容属于果树栽培学基本技能部分。果树经常遭受的自然灾害有很多,本章对教材内容进行了取舍,主要围绕生产上发生频率高的冻害、霜冻害、旱害、冻旱和日灼等自然灾害进行讲解。教材详细介绍了灾害类型、形成原因及预防途径。教材组织符合教育教学规律,知识从概念、类型到形成原因和预防途径,逻辑性强。教材中也增加了一些科学研究新的进展。但由于我国地形复杂、气候多样,果树经常遭受自然灾害影响,近年来发生的案例不能及时在教材中更新,需要教师在讲授过程中联系果树生产和实际方面的案例,增加广度深度,满足学生的实际需要,来调动学生的学习兴趣和积极性。本章知识框架参见图10-1。

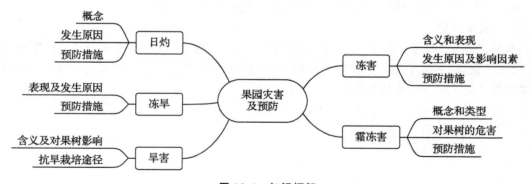

图 10-1　知识框架

　　2. 教学内容分析

　　本章内容属于基础理论部分。本节内容按具体知识分类属于术语知识和功能性知识,冻害、霜冻害、旱害、冻旱、日灼等属于术语知识,是气象学领域的基本语言。自然灾害发生的原因等知识属于过程性知识,是描述果园自然灾害发生、发展过程的知识。按抽象知识分类,预防自然灾害途径的知识属于方法性知识。本章主要内容是各自然灾害的概念、表现、发生原因及预防措施。通过分析，我们可以结合实例说出果树自然灾害的内涵。学生需要了解我国几种果树常见自然灾害如冻害、霜冻害、旱害、冻旱和日灼等的成因、危害和预防措施。教师主要采用探究发现型教学过程设计，明确本章主要对学生进行综合应用能力培养。学生通过学习，能够分析各种灾害发生的原因，并能指导生产进行预防和灾后管理。同时教师还要结合自然灾害案例提炼出对学生进行思想教育的内容，通过对灾害新闻报道等的分析，使他们认识到果树栽培学是一门有用的科学，引导他们关心社会、联系生产，做到学以致用，增强他们的使命感和责任心。

3. 教学目标分析

（1）知识目标　通过学习，学生能够解释果园灾害的含义、主要表现；能够说出果园灾害形成的原因及预防措施；能够通过受害表现辨别受害原因，并能够运用所学知识制订灾害预防方案。

（2）能力目标　能够对比找出果园灾害的不同点，比较它们之间的差异；能多角度思考，通过灾害表现探究灾害发生的原因，增强透过事物的现象发现事物本质的能力；能够对发生灾害的某些特点通过推理作出假设和判断。

（3）素养目标　通过生产案例，让学生感悟到知识的重要性，引发学生学习果树栽培的兴趣。

（4）课程思政目标　培养学生的使命感和责任心。

思政实施过程：通过对灾害新闻报道等的分析，学生认识到果树栽培学是一门有用的科学，引导学生关心社会、联系生产，做到学以致用，培养学生的使命感和责任心。

基于布鲁姆认知领域六层次学习目标分析参见图10-2。

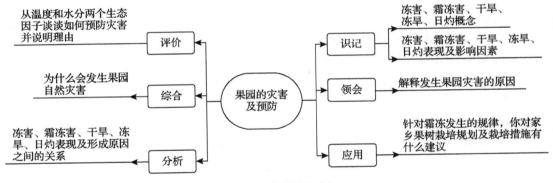

图10-2　学习目标分析

4. 学情分析

（1）知识方面　果树栽培的有关知识，学生在前面章节已经学过，特别是第四章已经学习了果树栽培和自然环境之间的关系，已经知道了果树器官的生长发育，果树年周期和生命周期的正常通过，都是在一定的生态环境下进行的，果树优质丰产是同适宜的生态环境条件密不可分的。这些知识都是理解本章内容的基础。但在果树生长过程中，如果自然条件不适宜，生长发育会受到影响，轻者影响树势和产量，重者会使树体死亡。

（2）能力方面　大学生拥有更高的逻辑思维和推理能力，在有了一定理论知识的基础上，已经能够把自己所学到的一些理论知识应用于实际，能用理论去解释具体的客观现象。

5. 重点、难点分析

(1)教学重点　我国果园灾害的特点及预防。

(2)教学难点　我国常见果园自然灾害的成因,如何进行果园防灾减灾。

6. 教学模式

本章内容主要采用探究发现教学方法,以生产中的果园灾害案例引出问题,组织学生观察,设疑提问,引导思考,激发争辩,探究原因,分析特征,最后寻找解决问题的方法。

7. 教学设计思路

本章围绕"果园自然灾害的特点、成因及预防"展开学习,运用现代教育技术手段,通过联系生产实际、引出新课、逐步引导等环节引导学习者分析问题、理解问题、解决问题,促进思维发展,优化学习结果。

以学生为主体,充分调动学生的好奇心和求知欲。提高学生学习专业课的兴趣,为后续课程的开展奠定基础。在教学过程中不断挖掘拓宽教材内容,并将知识、情感等融入教学过程中。教学设计思路参见图 10-3。

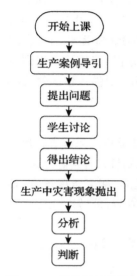

图 10-3　教学设计思路

8. 教学活动设计

课　前　准　备
生产案例及期刊资料准备:2018 年冻害新闻及资料。 　　[1]雷雯,张向荣,张军. 春季晚霜冻对凤县花椒冻害成因分析及防御建议:以 2018 年为例. 农业与技术,2020,40(9):121-123. 　　[2]刘婉莉,李冬梅,张倩倩. 2018 年春季一次严重冻害过程分析. 科技与创新,2020(20):21-24. 　　[3]尚琦. 陕西洛川 2018 年苹果花期低温冻害的调查与补救措施. 杨陵:西北农林科技大学,2019.

课　堂　教　学			
教学环节	教师活动	学生活动	设计意图
创设情境 提出疑问 引入新课	【新闻链接】2018 年 4 月 12 日中国新闻网 【引入】我国位于欧亚大陆东南部,地域辽阔,山脉纵横,丘陵起伏,地形复杂,气候多样。在气候方面,季风的影响常使广大地区的水、热等条件在时空分布上发生较大的波动和变化,频繁出现旱、涝、冻、风、雹、热害及冷害等农业气象灾害。 【提问】生产中有哪些主要灾害及我们如何预防这些自然灾害? 【导入新课】那么为什么会出现这些自然灾害?本节课我们将和大家一起探究分析果园自然灾害的类型、表现、成因及预防。	学生认真观看新闻并认真听老师讲述的内容,对老师提出的问题进行思考	联系生产实际,引起学生学习的兴趣

续表

教学环节	教师活动	学生活动	设计意图
探究学习冻害霜冻日灼	【探究一:温度变化引起的果园灾害】 【讲解】温度是果树重要的生存因子之一,我国常见的果树生育期由于温度极端变化造成的果园灾害有冻害、霜冻害、日灼等。冻害是指果树在越冬期间遇到 0 ℃以下低温或剧烈变温或较长期处在 0 ℃以下低温中,造成的果树冰冻受害现象。霜冻是指果树在生长期夜晚土壤和植株表面温度短时降至 0 ℃或 0 ℃以下,引起果树幼嫩部分遭伤害的现象。霜冻的实质是短时低温而引起植物组织结冰的危害。日灼主要是指果树在其生长发育期间,由于强烈日光辐射增温所引起的果树器官和组织灼伤,又称日烧或灼伤。 【提问】 (1)果树遭受冻害的表现是什么? 冻害发生的原因和影响因素是什么? 预防冻害的主要措施有哪些? (2)霜冻的类型有哪些? 果树发生霜冻的条件是什么? 预防霜冻的主要措施有哪些? (3)日灼造成的危害表现是什么? 日灼发生的原因是什么? 预防日灼的主要措施有哪些? (4)冻害、霜冻害和日灼的区别和联系是什么? (5)你能用自己的语言来阐述冻害、霜冻害和日灼形成的条件是什么吗? (6)用栽培学知识解释为什么我们要因害设防? 为什么有时候会遭受严重灾害损失? (7)怎样才能建立一个高效的果树防灾栽培技术体系? (8)作为一名合格的果树生产管理者,面对生产中频发的冻害、霜冻害和日灼,你将会怎样去做?	跟随老师的讲解积极思考、合作研究,前后桌讨论,讨论后每个组选出代表发言,阐述一种自然灾害的成因和危害	从概念解读入手,能让学生自如地进入下面的讨论环节。培养学生高阶思维能力,以及提取有用信息并对这些信息进行加工和总结的能力
探究学习干旱冻旱	【探究二:水分变化引起的果园灾害】 【讲解】水是果树生存的主要生态因素,由于水分缺乏对果树造成的自然灾害有干旱、冻旱等。干旱是指长期降雨偏少造成空气干燥、土壤缺水,导致果树体内水分亏缺,影响果树正常生理代谢和生长发育的一种农业气象灾害。冻旱指幼树在冬春之际,枝干失水而多皱皮和干枯的现象,俗称"抽条"。 【提问】 (1)果树干旱胁迫的表现有哪些? 抗旱栽培途径主要有哪些? (2)冻旱发生的原因是什么? 冻旱造成的危害表现是什么? 预防冻旱的主要途径有哪些? (3)干旱、冻旱的区别和联系是什么? (4)怎样才能建立一个高效的抗旱栽培技术体系? (5)作为一名合格的果树生产管理者,面对生产中干旱,你将会怎样去做?	跟随老师的讲解积极思考合作研究,前后桌讨论	从概念解读入手,能让学生自如地进入下面的讨论环节。培养学生高阶思维能力,以及提取有用信息并对这些信息进行加工和总结的能力
得出结论	【讲解】从以上讨论所了解的果园常见的灾害的种类,我们已经总结出了果园灾害的特点,请每组同学阐述一种自然灾害的成因和危害,以及如何预防。	每个组选出代表发言	培养学生的表达能力

续表

教学环节	教师活动	学生活动	设计意图
实际运用	展示果树冻害、霜冻、冻旱图片【提问】 (1)判断每张图片受害种类,并分析其受害原因。(2)遇到冻害、霜冻、日灼、干旱、冻旱该怎么办? (3)发生冻害、霜冻、日灼、干旱、冻旱后如何补救?	学生根据所学内容畅所欲言	培养学生解决生产问题的能力。强调要了解一些有效避灾的方法,增强灾害自救能力
课堂总结	通过这节课,我们详细分析了冻害、霜冻、日灼、干旱、冻旱的形成原因、受害表现和预防措施,认识到了果园灾害频发是我国基本的地理国情之一。我国果园灾害种类很多,分布广,并且受灾严重。了解果园灾害是为了更好地应对果园灾害,有效地防灾减灾。	集中注意力,回忆课堂片段,书中勾画重点	帮助学生对所学知识进行精加工处理,使之结构化、条理化。培养学生对知识的归纳总结能力

课 后 任 务

查阅资料,利用所学知识,撰写冻害或霜冻调查分析论文 1 篇。

板书设计见图 10-4。

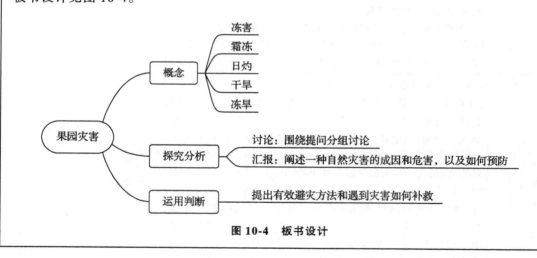

图 10-4 板书设计

9. 教学评价

(1)过程性评价 课前信息平台访问次数、课程预习情况、课前测试。课中讨论表现、回答问题等。

(2)课后作业评价

10. 思考题

(1)果园灾害的成因及预防措施有哪些?

(2)请设计一个试验:如何进行冻害调查和果树抗寒力鉴定(从试验目的、意义、试验方案设计等方面综合评价)。

(3)在生产中,出现了晚霜冻害,请分析产生的原因,并给出解决方法。

(4)请说出果树生产中解决干旱问题的途径有哪些?

(5)如何解决北方干寒地区果树生产中的冻旱问题?

11. 教学反思

通过前面课程探究发现教学模式的应用,学生已经熟悉此教学模式的教学过程。教师通过联系生产实际、引出新课、逐步引导等环节引导学生分析问题、理解问题、解决问题,促进了学生的思维发展,优化了学习结果。

第十一章　苹果教学设计

苹果属蔷薇科（Rosaceae）仁果亚科（Pomideae）苹果属（*Malus* Mil.）。苹果生产在我国果业中占有重要的地位，其发展状况对果区经济、市场供应和出口创汇影响巨大。我国共有25个省（区、市）生产苹果，面积和总产量较大的主要集中在渤海湾、西北黄土高原、黄河故道和西南冷凉高地等四大产区，西北黄土高原产区和渤海湾产区是世界优质苹果生产的最大产区。2021年，我国苹果种植总面积3 132.12万亩、总产量3 934万t。2021年，全国苹果生产总成本平均为5 167.78元/亩，比2020年上升2.77%。全国多数苹果产区多次遭受较大程度的霜冻、雹灾、旱灾、涝灾、风灾、连阴雨等气象灾害，部分产地受灾程度较深。我国苹果生产布局仍然处于调整期，随着调整，老果园被淘汰，苹果面积会降到合理的供需比例。其中环渤海湾优势区苹果种植面积呈缓慢下降趋势，但单位面积产能和效率提升较快；黄土高原优势区苹果种植面积呈较快增长趋势，但单位面积产能和效率提升较慢；南疆四地州地方政府（特别是喀什和阿克苏）将发展苹果产业作为乡村产业振兴的重要抓手，但基层农业科技力量非常薄弱，面临的科技问题和管理短板较多；西南冷凉高地产区近年来苹果产业发展较快，而且在早中熟苹果发展方面具有独特优势。

本章教学课时为2～4学时，主要采用研究性学习教学模式，此模式的理论基础是建构主义理论和发现学习理论。教师从生产中选择确定苹果栽培方面的研究专题，用类似科学研究的方式，指导学生主动地获取知识、应用知识、解决问题。

1. 教材分析

果树栽培各论是果树栽培学总论课程的延续、深入。通过教学，使学生充分了解北方落叶果树各树种的栽培现状及发展趋势，掌握其生物学特性和丰产、稳产、优质栽培技术，并培养学生分析问题、解决问题的能力。学生需在了解和掌握果树的生长发育规律及果树栽培技术的基础上学习该课程。教学重点和难点是各树种的生物学特性及优质高效调控技术。随着果树科学研究的深入和优质标准化生产技术的不断发展，本教材更新了新品种和新技术。本章内容选自《果树栽培学各论》（北方本）（后称《各论》）中第一章苹果。本章需要了解苹果生产现状、掌握苹果优质高效栽培技术，并把苹果的生物学特性和栽培技术作为重点。教材第一节概况、第二节主要种类和品种、第三节生物学特性属于基本知识和基本理论；第四节育苗与建园、第五节栽培技术特点属于基本技能。教材中各部分内容介绍比较详细，体现出理论基础知识的完整性、系统性。

2. 教学内容分析

果树栽培各论是果树栽培学总论课程的延续。通过果树栽培学总论的学习，学生明确了果树的种类、生态环境和生长发育规律，系统掌握了育苗、建园、土肥水及花果管理、整形修剪的基本理论和技术，能够独立进行育苗、建园、果园管理等各个生产环节的技术工作。所以本章教材中涉及的教学内容主要基于"布鲁姆目标分类法"的问题设计,通过线上自学完成苹果基本理论、基本知识、基本技能的学习。本章主要以培养学生的研究能力、创新能力为重点,教学设计主要基于建构主义理论和发现学习理论,采用研究性学习教学模式。学生在教师指导下,从生产和科学研究中选择并确定研究专题,用类似科学研究的方法,主动地获取知识、应用知识、解决问题。教学知识框架参见图11-1。

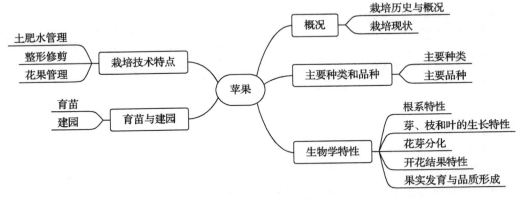

图 11-1　知识框架

3. 教学目标分析

(1)知识目标　通过学习,学生能够了解苹果生产的意义、说出苹果主要种类和品种、熟记苹果生物学特性和栽培技术。

(2)能力目标　学生能根据当地条件进行苹果园建造,能进行苹果基本综合技术管理,能制订苹果周年管理技术方案,能解决生产中出现的一些技术问题,进一步提高学生的创新精神和实践能力。

(3)素养目标　培养收集、分析和利用信息的能力;培养科学态度和科学道德;形成善于质疑、乐于探究、勤于动手、努力求知的习惯。

(4)课程思政目标　通过介绍潜心于果树教育、苹果科学研究和社会服务的科学家,并以老一辈科学家为榜样,厚植"三农"情怀,担当"强农兴农为己任"使命。

思政目标实施过程:通过课前查阅资料,讨论潜心于果树教育、苹果科学研究和社会服务的科学家对苹果产业的贡献,厚植"三农"情怀,担当"强农兴农为己任"使命。

基于布鲁姆认知领域六层次学习目标分析参见图11-2。

4. 学情分析

(1)知识方面　本章及以后各论内容是果树栽培学总论课程的延续,通过果树栽培学总论的学习,学生已经掌握了果树的生长发育规律,熟悉果树育苗、建园、土肥水及花果管理、整形修剪的基本理论和技术,能够独立进行育苗、建园、果园管理等各个生产环节的技术工作,对苹果树种栽培技术学习打下了一定基础。同时大二以上学生已经修完生物统计学课程,初步掌握了开展科学试验的方法,能够用生物统计方法和技术对试验资料进行统计分析。

(2)能力方面　通过总论学习,学生已经具有了探究学习能力和资料收集能力,能够自主发现和提出问题,能适应小组合作学习;学生掌握了常用的科学试验设计方法和进行科学试验设计的能力,为研究性教学模式学习打下了基础。

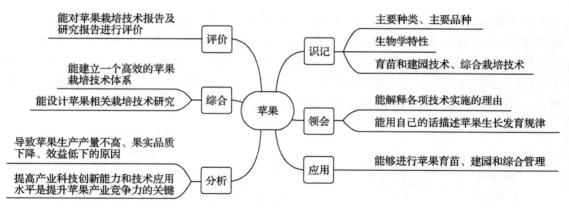

图 11-2　学习目标分析

5. 重点、难点分析

（1）教学重点　熟悉苹果主要种类和品种，熟记苹果生物学特性和栽培技术。

（2）教学难点　如何能使学生在研究性教学活动中获得体验，能查阅和筛选资料，能对苹果栽培相关资料进行归类和分析，掌握学习和研究的方法、技能。

6. 教学模式

研究性学习教学模式，以确定制约苹果生产发展的问题为研究主题，用类似科学研究的方式，通过查阅资料，应用知识解决问题。

7. 教学设计思路

研究性学习教学模式基本程序为：确定研究主题—制订研究计划—开展探究活动—分析整理资料—撰写研究成果—组织成果交流。

8. 教学活动设计

课 前 准 备

任务一：基于布鲁姆目标分类法的问题设计自学——苹果基本理论、基本知识、基本技能学习

1. 认知性问题

（1）苹果主要种类和品种有哪些？主要栽培品种中早、中、晚熟品种有哪些？（2）苹果根系生长特性是什么？（3）不同砧木（乔砧、矮化砧）根系分布范围如何？（4）苹果芽按不同分类方法分别属于哪一类？（5）苹果枝芽生长特性和结果习性有哪些？（6）按枝条的发生习性和功能可以将苹果枝条分为哪些类型？每种类型的特点是什么？（7）苹果花芽分化属于哪种类型？其花芽分化分为哪三个时期？大致在什么时间段？（8）苹果结果枝的类型有哪几类？（9）苹果苗木的繁殖方法有哪些？（10）苹果常用的乔化矮化砧木有哪些？（11）苹果苗木等级如何划分？（12）说出元帅系、富士系主要品种的适宜授粉树？（13）苹果需肥特性是什么？（14）生产上苹果常用树形有哪些？（15）提高苹果坐果率的措施有哪些？（16）如何提高苹果果实品质？

2. 理解性问题

（1）如何解释苹果根系生长的节律性，即根系年生长周期和生命周期的生长特性、根系的自疏和更新。(2)推测果树叶芽和花芽的年生长动态。(3)解释苹果土肥水、整形修剪、花果管理技术实施的原理。

3．运用性问题

(1)如何培育苹果乔化实生砧木？如何培育矮化砧木？(2)苹果建园为什么要配置授粉树？其配置原则是什么？(3)简述苹果栽植技术要点？(4)苹果如何施肥？施肥量如何确定？(5)以细长纺锤形为例,简述苹果整形过程。(6)苹果园灾害性天气有哪些？如何预防？

4．分析性问题

(1)土壤养分是苹果根系生长的限制因子吗？土壤养分影响苹果根系生长的哪些特性？(2)什么情况下可能会导致苹果生产产量不高、果实品质下降、效益低下？(3)苹果园土壤好的标准及如何进行土壤改良和培肥地力？(4)苹果园光合效能高的标准及如何培养高光效树形？(5)精品果标准及如何更好地生产精品果？

5．综合性问题

(1)讨论提高产业科技创新能力和技术应用水平是提升苹果产业竞争力的关键。(2)讨论现代苹果产业发展的基本特征。(3)查阅果树学科学家事迹,讨论潜心于果树教育、苹果科学研究和社会服务的科学家对苹果产业的贡献。

6．评价性问题

(1)设计一个乔砧密植密闭园改造技术方案及配套栽培技术。(2)对乔砧密植果园和矮砧密植果园哪个好作出评价并说明理由。(3)根据苹果对氮磷钾的年周期内的需肥时期设计一个最优的追肥方案。(4)怎样才能建立一个高效的苹果肥水利用技术体系？

7．考核方式：

完成所有问题课前线上上传。

任务二:研究性学习——如何实现苹果产业新阶段的转型升级

1．课题背景

我国苹果产业经过 30 年的快速发展总体供需均衡,但从栽培制度变革、技术升级、组织培育、功能性市场建设等角度判断,产业发展已进入调整、优化、提升的新阶段。此阶段在国际市场原有的低成本竞争优势已不明显,国内消费受到水果多样化对大宗类水果的冲击、苹果种植者老龄化问题加剧、消费者对果品品质及质量安全要求的提高。苹果产业已进入由传统产业向现代产业、由世界苹果生产大国向强国转变的重大历史阶段。此背景下,我们该怎么办？

2．活动任务

以小组为单位,通过查阅和筛选资料,设计一个实现苹果产业新阶段"转型升级"的实施方案课堂上交流讨论。

3．行动计划

(1)收集并阅读有关苹果产业的知识和资料。教师课前提供一份研究指南和资料。

背景知识：

苹果产业对乡村振兴的作用有哪些？现在有哪些地区苹果产业是当地的支柱产业？我国苹果产业发展现状是什么？我国苹果产业发展存在哪些问题？当前我国及主产省苹果栽培面积及产量情况如何？我国苹果产业发展进入了一个什么样的发展阶段？现阶段

苹果产业为什么要转型升级？苹果转型升级的总体思路是什么？如何进行苹果产业结构优化调整？苹果产业转型升级的趋势特点是什么？现代苹果产业发展的基本特征是什么？苹果产业转型升级面临的任务是什么？生产优质高效苹果的途径是什么？苹果产业升级的路径和对策有哪些？苹果产业发展的建议有哪些？

成功案例：

邓芳,李云国,姚梅,等.昭通苹果产业转型升级的方向及建议[J].云南农业科技,2022(1):55-57.

陈学森,毛志泉,姜远茂,等.山东省苹果产业转型升级的建议：一靠政策,二靠科技,创新驱动,转型升级,提质增效[J].落叶果树,2015,47(1):2-4.

刘双安.延安市南五县苹果产业现状、问题与转型升级[J].北方果树,2020(6):42-45.

陈瑞剑,杨易.非优生区苹果产业转型的思考与展望：以宁夏回族自治区为例[J].中国食物与营养,2016,22(1):23-25.

（2）设计×××（省或地区）苹果产业新阶段的"转型升级"实施方案,在这个方案中应该包括以下内容：

×××（省或地区）苹果产业发展现状。该地区苹果产业发展存在哪些问题？有没有现成的成功案例？

我们有哪些好的建议和途径？具体关键技术如何实施？这种方案的可行性和可操作性有多大？政府相关机构、合作社和果农怎么加入这个改革方案？怎样避免这个方案没办法实施？

课 堂 教 学

教学环节	教师活动	学生活动	设计意图
方案展示、评价	组织小组展示方案,并参照以下标准对学习成果进行评价	学生分组汇报,组间互评	通过交流、互评,评价学生查阅和筛选资料,对资料的归类分析,使用苹果生产新技术及对研究结果的表达交流能力

表 11-1　研究性学习成果评价标准

项目	优	良	中	评分
背景知识	针对背景知识提出的所有问题,方案呈现了正确的信息,并能够选择适合的实施对象（25分）	背景知识模块中至少有80%的问题得出了正确的回答（20分）	背景知识模块中少于80%的问题得到了回答,有些信息可能是不正确的（15分）	
信息陈述	陈述信息能清晰表达,信息组织恰当,色彩、文本和视觉形象适当运用（15分）	陈述还算整齐易读,信息有些组织有一些语法和拼写错误,信息有一定的组织（10分）	信息陈述晦涩难懂,出现多处错误,信息零散,缺乏系统性（5分）	

续表 11-1

项目	优	良	中	评分
说服可行性	说服实施对象采取行动的论据非常清晰、简明扼要、与对象相关（10分）	论据基本可信，与对象相关（7分）	论据不是非常可信、不清晰，与对象不相关（4分）	
方案质量	包含5个适合苹果产业专项升级的策略，这些策略建立在研究的基础上（20分）	提供3个适合苹果产业专项升级的策略，一些建议可能不适合实施对象（15分）	提供了两个策略，这些建议可能不适合实施对象（10分）	
引用规范	所有的资料以正确的方式被引用（10分）	一些资料的引用不恰当（7分）	有些资料被引用，引用的方式有一定错误（4分）	
方案能被接受程度	80%以上同学愿意采用该实施方案，认为该方案对苹果转型升级有效（20分）	50%以上同学愿意采用该实施方案，认为该方案对苹果转型升级有效（15分）	不足50%同学愿意采用该实施方案，认为该方案对苹果转型升级效果不明显（10分）	

课 后 任 务

	【巩固提高】		
课后作业	查阅资料,学习苹果优质高效绿色生产的一体化集成关键技术：①苹果宜机化果园标准和机械建园技术；②苹果高光效树形化控整形和机械修剪技术；③苹果省力化高效授粉、疏花疏果和品质提升技术；④苹果水肥一体化适时精准施用技术；⑤苹果园机械装备研制、优化和配套技术；⑥苹果优质轻简高效栽培技术体系集成与示范推广；⑦智能化果园生产管理集成技术的研发与示范、推广；⑧智能化检测、分级与贮藏等产后处理系列关键技术的创新研发与示范、推广；⑨加大果园防灾减灾基础设施建设。	认真思考,考虑如何解答	培养学生融会贯通和综合分析的能力

9. **学习评价**

研究性学习成果评价。

10. **思考题**

(1)设计一个矮化密植苹果园综合配套栽培技术方案。

(2)适于苹果矮化密植的树形有哪些？分析其特点和整形过程？

(3)生产中要推行苹果省力化栽培模式，应该如何去做？

(4)如何才能实现苹果园土壤有机质含量达到1.5%以上？

(5)如何进行良种良砧配套，实现苹果优质丰产？

11. **教学反思**

本节课主要通过研究性教学模式培养学生主动获取知识、应用知识和解决问题的能力。从教学结果看，此教学模式通过以学生为主体，培养了学生自主学习和解决问题的能力，提升了其自身素养。通过总论实践锻炼，学生交流的信心很足，研究性学习成果评价标准各个方面都达到了教学方法设计的目标，更坚定了教师本课程教学改革的信心和决心。

第十二章　梨教学设计

　　梨属于蔷薇科（Rosaceae）梨属（*Pyrus* L.）植物。梨为世界五大水果之一，是我国传统的优势果树。梨的经济价值、营养保健价值高，具有鲜食、加工多种用途，深受生产者和消费者欢迎。梨具有适应性强，结果早，丰产性强，经济寿命长等特点。梨树对气候和土壤的适应性强，栽培范围广，在我国南北各地区均有栽培，东至海滨，西自新疆，南起广东，北至黑龙江，长期以来在促进农村经济发展和增加农民收入方面一直发挥着重要作用。

　　近年来，我国梨栽培面积渐趋稳定，产量增速放缓，贮藏能力不断加强。自20世纪50年代起，相继育成了以早酥、黄花、翠冠、黄冠、中梨1号、玉露香等为代表的梨优良品种180余个。栽培模式方面，细长圆柱形、倒伞形、倒个形、"Y"字形，以及水平棚架形等高光效新树形逐步推广，形成了简约、省工、高效的新型栽培模式。花果管理方面，授粉、脱萼、化学及机械疏果等生产技术研发取得进展。生草、覆盖、间作、种养结合等多种梨园土壤管理方式，以及梨树修剪枝条降解、堆肥、还田等技术研发均取得重要进展。肥水管理采用了配方施肥和肥水一体化管理技术。病虫害防治方面，生物防治与物理防治在生产中得到大面积推广应用。贮藏保鲜日趋成熟，加工产品日益丰富，加工产品由梨罐头、梨汁为主，逐步衍生出梨干、梨脯、梨酒等多样化产品，在功能性饮料、调味品梨益生菌发酵饮料方面也取得了新进展。本章教学课时为2～4学时，主要采用研究性学习教学模式，从生产中选择确定梨栽培方面的研究专题，用类似科学研究的方式，培养学生主动获取知识、应用知识、解决问题的能力。

　　1. 教材分析

　　本章内容选自《各论》中第二章梨。本章需要了解梨生产现状、掌握梨优质高效栽培技术，并把梨树的生物学特性和栽培技术作为重点。教材第一节概况、第二节主要种类和品种、第三节生物学特性属于基本理论；第四节育苗与建园、第五节栽培技术特点属于基本技能。教材中各部分内容介绍比较详细，体现出理论基础知识的完整性、系统性。

　　2. 教学内容分析

　　本章内容中主要种类和品种属于具体知识的具体事实知识。梨育苗和建园、栽培技术属于具体知识的方法知识。生物学特性属于抽象知识中的概括性知识，是有关梨生长发育生命活动规律的知识。这些知识对于梨树生产是非常有用的知识。通过总论（果树栽培基础知识）的学习，学生掌握了果树品种的选择、果园建立、果树育苗、定植、田间管理、采收及采后处理等技术，但能否进行现代果树生产经营，能运用果树专业基本理论和基本技能，能观察果树生长状况，能对生产中出现的问题进行解释，并能作出反应，利用栽培技术解决是本课程的教学目标。本章内容通过项目教学法，把需要培养的能力归纳成若干任务，以任务驱动的项目教学模式完成本章内容学习。本章内容分析参见图12-1。

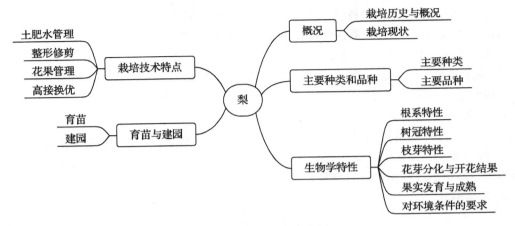

图 12-1　梨教学内容分析

3. 教学目标分析

（1）知识目标　通过学习，学生能够了解梨生产的意义、说出梨主要种类和品种、熟记梨生物学特性和栽培技术。

（2）能力目标　能进行梨基本技术管理，能制订梨周年管理技术方案，能解决生产中出现的一些技术问题。基于项目的学习教学模式，其目的是在课堂教学中把理论与实践教学有机地结合起来，充分发掘学生的创造潜能，提高学生解决实际问题的能力。

（3）素养目标　培养学生在真实梨经营管理中，借助于多种资源开展探究活动，解决一系列问题的能力；培养学生在学习活动中的团队协作精神。

（4）课程思政目标　充分挖掘与梨花、梨果相关的中华民族优秀传统文化，通过弘扬我国的优秀传统文化，增强文化自信，加强学生的爱国主义情怀。

思政目标实施过程：将思政元素融入课后作业，如岑参的"忽如一夜春风来，千树万树梨花开""孔融让梨"的故事等，引发情感共鸣，达到增强文化自信，弘扬中华民族尊老爱幼等传统美德的作用。

基于布鲁姆认知领域六层次学习目标分析参见图 12-2。

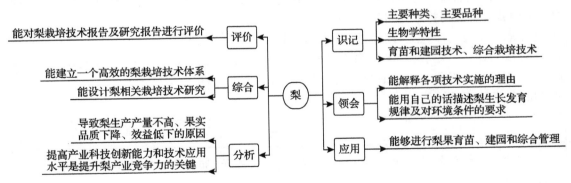

图 12-2　学习目标分析

4. 学情分析

（1）知识方面　本章及以后各论内容是果树栽培学总论课程的延续。通过果树栽培学总论的学习,学生已经掌握了果树的生长发育规律,熟悉果树育苗、建园、土肥水及花果管理、整形修剪的基本理论和技术,能够独立进行育苗、建园、果园管理等各个生产环节的技术工作,对梨树栽培技术学习打下了一定基础。

(2)能力方面　通过总论学习,学生已经具有了探究学习能力,能适应小组合作学习,为项目教学模式学习打下了基础。

5. 重点、难点分析

(1)教学重点　熟悉梨主要种类和品种、熟记梨生物学特性,能进行梨园周年管理。

(2)教学难点　如何引导学生在项目教学活动中能运用果树专业基本理论和基本技能,对梨园周年生产中出现的问题进行解释,并能作出反应。

6. 教学模式

基于项目的学习教学模式,选定梨树周年管理为项目主题,通过已有果树栽培专业知识及查阅资料,完成项目报告。

7. 教学设计思路

基于项目的教学模式基本程序为:选定项目—制订计划—活动探究—作品制作—成果交流—活动评价。

以梨树周年常规管理为项目认知模块,结合不同树龄、不同立地条件、不同栽培模式等梨园,以梨园提质增效实施方案为项目核心模块,核心模块以项目任务组织教学。学生既是学员又是经营者;既是学习过程又是工作过程;在校如同在岗,学习如同工作,能够在学习中积累一定的工作经验,可以更好地培养学生的方法能力、社会能力。教师带领学生逐步完成工作任务,并在工作过程中讲解相关的知识和技能。

(1)选定项目　现代梨树产业发展方案。

(2)制订计划　现代梨树产业发展方案项目分为两个模块:①认知模块:梨树周年常规管理,课前教师提供梨树周年管理历;②核心模块:现代梨树产业发展实施方案。

(3)活动探究　学生在课前以项目任务为驱动查阅资料,完成各项任务。

(4)作品制作　项目任务完成过程成为一个人人参与创造实践的过程,通过完成项目过程,学生要查阅大量资料,结合项目内容密切跟踪生产发展的动态,及时将梨树生产中采用的新品种、新材料、新技术等引入项目任务,从而使实践教学活动与生产实际紧密结合,为尽快缩短学生的就业适应期打下扎实的基础。

(5)成果交流　课堂上每组汇报项目核心模块任务完成情况。

(6)活动评价　由教师、同学和小组成员共同完成评价,教师和其他组同学对项目结果进行评价,小组成员对每个同学的学习过程进行评价。

8. 教学活动设计

课 前 准 备
任务一:梨基本理论、基本知识、基本技能——基于"布鲁姆目标分类法"的问题设计 自学 　1. 认知性问题 　(1)梨主要种类和品种有哪些? 梨主要栽培种分为哪几个系统? 其中最抗寒的是

哪个系统？（2）我国传统主要栽培品种、优良新品种和近年来引进的优良品种有哪些？（3）梨根系生长特性是什么？（4）梨芽按不同分类方法分别属于哪一类？（5）梨枝芽生长特性和结果习性有哪些？（6）梨结果枝的类型有哪几类？（7）梨花芽分化属于哪种类型？其花芽分化分为哪三个时期？大致在什么时间段？（8）梨落花落果的时期有哪些？其原因有哪些？（9）梨苗木的繁殖方法有哪些？（10）梨常用的乔化矮化砧木有哪些？（11）如何培育梨乔化实生砧木？如何培育梨矮化砧木？（12）梨苗木等级如何划分？（13）梨园地规划包括哪些内容？梨建园品种选择的依据有哪些？（14）梨建园为什么要配置授粉树？其配置原则是什么？（15）简述梨栽植技术要点？（16）梨需肥特性是什么？施肥量如何确定？（17）梨施肥时期和主要灌水时期有哪些？施肥方法和灌水方法有哪些？（18）生产上梨常用树形有哪些？

2．理解性问题

（1）解释梨树冠和枝芽特性。（2）解释梨土肥水、整形修剪、花果管理技术实施的原理。

3．运用性问题

（1）梨整形特点是什么？（2）提高梨坐果率的措施有哪些？（3）如何提高梨果实品质？（4）梨园灾害性天气有哪些？如何预防？（5）如何进行梨高接换优？（6）什么是梨矮密栽培模式？主要栽培技术要点有哪些？（7）简述日韩梨的网架栽培特点及作用？网架结构如何设计？（8）梨树的结果枝组有哪几种类型？（9）梨树的结果枝组如何培养？（10）梨树的结果枝组如何修剪？

4．分析性问题

（1）什么情况下可能会导致梨生产产量不高、果实品质下降、效益低下？（2）梨树与苹果树在整形修剪上有何不同？（3）梨幼树整形修剪应注意哪些问题？（4）梨园光合效能高的标准及如何培养高光效树形？（5）梨树早果丰产修剪措施有哪些？（6）结果初期梨树如何整形修剪？（7）盛果期梨树如何修剪？（8）如何运用修剪措施调整梨树的大小年结果现象？（9）衰老期梨树的修剪有什么特点？

5．综合性问题

（1）讨论为什么提高产业科技创新能力和技术应用水平是提升梨产业竞争力的关键。（2）讨论现代梨产业发展的基本特征。

6．评价性问题

（1）设计一个梨乔砧密植密闭园改造技术方案及配套栽培技术。（2）对乔砧密植果园和矮砧密植果园哪个好作出评价并说明理由。（3）根据梨对氮、磷、钾的年周期需肥时期设计一个最优的追肥方案。（4）怎样才能建立一个高效的梨肥水利用技术体系？

7．考核方式

完成所有问题，课前线上上传。

任务二：梨树周年管理——基于项目的学习

1．认知模块

梨树周年常规管理（表12-1）。

表 12-1　梨树周年管理历

时间	物候期	主要工作
12月—翌年3月	休眠期	1. 清园：刮除树老皮、翘皮，剪除病虫枝梢，清扫果园枯枝落叶、病虫僵果、杂草，带出果园烧毁。地下部分刨翻树盘，消灭在土中越冬的象甲类、金龟子等害虫 2. 冬季修剪：幼树对长枝轻修剪缓放；盛果期树对长势比较旺的枝要适度地进行控制，使更多的花芽得以留下，形成稳定的中庸树势；衰老树回缩部分要重新选择背上枝，剪去弱枝促进主枝的生长，使老树恢复树势。
3月	树体流动、萌芽期	1. 预防病虫害：发芽前全树喷一遍3～5波美度石硫合剂；上年梨木虱发生严重的梨园，在越冬成虫出蛰盛期可喷溴氰菊酯、阿维菌素等药剂，兼治其他害虫。检查防止腐烂病。 2. 土壤管护：早春表土解冻后，可在梨园内实行浅中耕（深度5～10 cm），并结合镇压，以保持土壤水分，提高地温。由于春季北方多干旱，应积极推广果园高垄覆膜集雨保墒技术和果园覆草技术，以达到抗旱、增产、提质的效果。 3. 肥水管理：土壤解冻后至发芽前，尽早进行花前追肥，以速效氮肥为主，花前10 d灌1次透水防霜冻。
4月	花期至展叶期	1. 花前复剪：花量多，复剪时可将一部分中短果枝轻短截或破顶花芽，以花换花。 2. 花期肥水：花期喷施硼元素，以提高坐果率；花后追施氮磷肥，花期不宜灌水。 3. 授粉疏花：采用花期放蜂、人工授粉等方法提高坐果率；花序伸长至分离期按15～25 cm间距选留1个优质短、中枝花序，将延长枝顶端、大枝背上过多的短枝及腋花花序全部疏除。 4. 病虫防控：重点是防好梨黑斑病、梨褐斑病、梨黑星病、腐烂病、梨木虱、梨茎蜂、蚜虫、金龟子、梨象甲、蜡象等。
5月	新梢速长及生理落果期	1. 疏果定果：谢花后2～3周，先疏除小果、畸形果、病虫果、偏斜果等；第4～5周，再按不同树龄的目标产量并多留20%左右进行疏果，应选留花序基部第3～5序位的果实；确认晚霜彻底结束后，再按照目标产量定果。 2. 肥水管理：根施平衡型复合肥及有机液肥，叶面喷施肥料，稳固壮果；坐稳果后，每隔10～15 d灌水1次。 3. 病虫防控：重点防黑星病、轮纹病、梨木虱、黄粉蚜、叶螨、康氏粉蚧等。
6—7月	新梢停长及花芽分化期	1. 夏剪：扭梢、拉枝、环割等控制树体生长势过旺，促进成花并使树体通风透光。 2. 壮果肥：果实速生期追肥，以富含磷、钾的多元素肥料为主，同时补充钙、镁等中微量元素。 3. 套袋：套袋前喷杀菌剂和杀虫剂，杀除果面附着的病菌虫卵，喷药后3～5 d内完成套袋工作。 4. 病虫防控：虫害主要为梨木虱、梨二叉蚜、梨小食心虫、梨网蝽、臭蝽象等；病害主要有梨黑星病、轮纹病、腐烂病等。

续表 12-1

时间	物候期	主要工作
8 月	果实膨大期	1. 及时追肥:控制氮肥的施用,增施磷钾肥;叶面喷施磷钾肥,以促进果实品质的形成。 2. 适时浇水:梨树是生理耐旱性较弱的树种,需水量较大,此时期为梨树的需水临界期,要适时适量灌水。若遇连续降雨园区积水时,应开沟排水,防涝害。 3. 病虫防治:高温高湿的环境有利于病害流行,注意防治梨黑星病、轮纹病、白粉病、黑斑病等病害。同时套袋梨果注意防止康氏粉蚧、黄粉虫入袋,未套袋的加强梨小食心虫的防治。 4. 其他:继续顶枝、吊枝;绑草把,诱杀越冬害虫
9 月	采收期	1. 适时采收:根据不同品种、气候条件、市场需求、成熟度和劳力状况,分批采收 2. 采果肥:以速效氮为主,配施部分磷钾肥。结合病虫防治,进行多次的叶面补肥,以利树体养分的积累和花芽分化 3. 基肥:9 月中下旬为宜,宜早不宜晚。以有机肥为主,辅以平衡型复合肥、中微量元素肥,以开沟的方式施入
10—11 月	落叶期	1. 清园:全树喷一遍杀虫、杀菌剂,杀灭越冬病虫;深翻地,解除草把烧掉,清扫果园,消灭病虫 2. 其他:落叶后及时刮皮、涂白、防冻

2. 核心模块

活动探究:学生在课前以项目任务为驱动查阅资料,完成各项任务。

作品制作:以小组为单位撰写方案报告。

表 12-2 现代梨树产业发展方案内容

任务名称	内容
我国梨产业现状	包括我国梨目前面积产量、经济效益分析、区域分布和品种结构、栽培模式和生产技术、品牌建设、产业组织形式等
我国梨产业存在的主要问题	从产业布局、品种结构、生产成本、经济效益、生产技术、经营模式等影响我国梨产业发展的关键问题分析
推进我国梨产业发展的对策与建议	从政策建议和技术建议等方面分析

课 堂 教 学

教学环节	教师活动	学生活动	设计意图
成果交流	组织小组展示方案,并参照以下标准对学习成果进行评价	学生分组汇报,组间互评	通过交流、互评,评价学生查阅和筛选资料,对资料的归类分析水平及项目核心模块任务完成情况
活动评价	由教师、同学和小组成员共同完成评价,教师和其他组同学对项目结果进行评价,小组成员对每个同学的学习过程进行评价		

考核评价	方案任务过程评价			结果考核		
	出勤	参与完成任务	互动参与度	课前预习与课前检测	课中教师评价	课中学生互评
5	25	15		35	10	10

表 12-3 评价内容

课 后 任 务

课后作业	【巩固提高】 制订梨树周年管理技术方案	认真思考，考虑如何解答	培养学生融会贯通和综合分析的能力

9. 教学评价

参见表 12-3 活动评价，课后作业评价。

10. 思考题

(1)梨树周年管理过程中要注意哪些关键技术环节？

(2)梨树优质高效管理的主要内容有哪些？

(3)适于梨树矮化密植栽培的树形有哪些？各有何特点？

(4)简要说明梨树建园应该注意哪些方面。

(5)收集我国古典文学中有关梨生产的记载及故事，与同学分享。

11. 教学反思

基于项目的学习，有效完成各项任务，提高了学生果树栽培实践运用能力。但只是给出了任务，没有详细的任务计划，学生完成度不高，在下一轮教学中，须注意项目详细任务设计。

第十三章　葡萄教学设计

　　葡萄是葡萄科（Vitaceae）葡萄属（*Vitis* L.）植物,为落叶藤本植物,是世界最古老的植物之一。葡萄适应性广、结果早、产量高、结果年限长,苗木繁殖容易,经济效益高。葡萄的用途很广,除主要酿造不同类型的葡萄酒外,还大量用以鲜食,加工成葡萄干、葡萄汁、葡萄罐头等。我国的葡萄种植历史悠久,是世界葡萄生产大国。与世界大多数葡萄生产国的情况相反,我国葡萄产量的 80% 用于鲜食,20% 用于加工。除香港、澳门外,我国各省区均有葡萄种植,而优势产区主要分布在埋土防寒的华北、西北地区,并集中在葡萄生产的"黄金种植带"内。本章教学课时为 2～4 学时,主要采用项目任务驱动的教学模式,运用基于学生知识和实操学习的翻转课堂教学模式,以葡萄栽培综合管理实用技术项目贯穿整个教学活动,培养学生主动获取知识、解决问题的能力,以及葡萄栽培的实践操作能力。

1. 教材分析

　　本节课内容选自《各论》中第三章葡萄,并参考李华编著的《葡萄栽培学》。本章需要了解葡萄生产特点、国内外栽培历史及生产发展现状、葡萄主要种类和品种、葡萄栽培综合管理技术,并把葡萄的生物学特性和栽培技术作为重点。教材第一节概况、第二节主要种类和品种、第三节生物学特性属于基本知识和基本理论;第四节育苗与建园、第五节栽培技术特点属于基本技能。教材中各部分内容介绍比较详细,体现了理论基础知识的完整性、系统性。

2. 教学内容分析

　　果树栽培各论是果树栽培学总论课程的延续,所以本章教材中涉及的教学内容主要是栽培管理技术,采用项目任务驱动的教学模式,培养学生主动地获取知识、解决问题的能力。教学知识框架参见图 13-1。

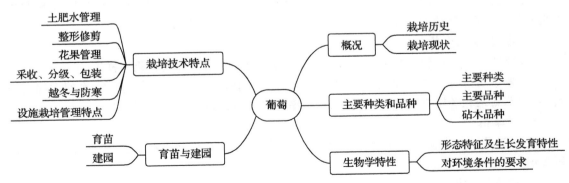

图 13-1　知识框架

3. 教学目标分析

（1）知识目标 通过学习葡萄生物学特性、葡萄物候期及特点，学生掌握育苗技术、建园技术、土肥水管理、整形修剪、花果管理等综合栽培技术。

（2）能力目标 培养学生能够进行葡萄园周年管理的能力，能解决生产中出现的一些技术问题；培养学生自觉学习新技术、新知识的能力及分析问题、解决问题的能力；进一步提高学生的创新精神和实践能力。

（3）素养目标 培养学生语言表达、团队合作、严谨求实、细心、耐心、克服困难的良好职业素养。

（4）课程思政目标 通过介绍潜心于葡萄科学研究和社会服务的科学家，教育学生以老一辈科学家为榜样，厚植"三农"情怀，担当"强农兴农为己任"使命，不断凝心聚力、开拓进取，为我国果树事业发展作出贡献。

思政目标实施过程：通过课后思考题强化学生对老一辈科学家的了解，激发学生服务"三农"的热情，担当自己的使命责任。

基于布鲁姆认知领域六层次学习目标分析参见图 13-2。

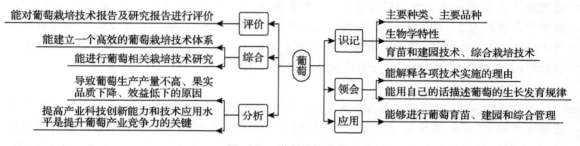

图 13-2 学习目标分析

4. 学情分析

（1）知识方面 本章及其余各论内容是果树栽培学总论课程的延续。通过果树栽培学总论的学习，学生已经掌握了果树的生长发育规律，熟悉果树育苗、建园、土肥水及花果管理、整形修剪的基本理论和技术，能够独立进行育苗、建园、果园管理等各个生产环节的技术工作，为葡萄树种栽培技术学习打下了一定基础。

（2）能力方面 通过总论学习，学生已经具有了探究学习能力和资料收集能力，能够自主发现和提出问题，能适应小组合作学习，为任务驱动学习打下了基础。

5. 重点、难点分析

（1）教学重点 熟悉葡萄主要种类和品种、熟记葡萄生物学特性和栽培技术。

（2）教学难点 使学生能在完成项目教学任务和教学活动中获得体验，能查阅和筛选资料，对葡萄栽培相关资料能进行归类和分析，掌握葡萄栽培的新技术、新技能。

6. 教学模式

基于项目任务驱动的教学模式，以确定葡萄各项栽培技术为任务标题，通过查阅资料，应用知识解决问题。

7. 教学设计思路

任务驱动项目学习教学模式基本程序为：下达工作任务—信息搜集—方案设计—制订方

案—组织实施—方案考核—分析并解决出现的问题。

8.**教学活动设计**

项目一　葡萄苗木繁育

教 学 目 的

	知识目标	专业能力目标	社会和方法能力目标
教学目标	1. 学会繁殖材料的采集与贮藏 2. 会进行葡萄扦插、压条和嫁接繁殖操作，并能解释其技术要点 3. 能进行苗圃管理	1. 认识葡萄繁殖材料 2. 正确进行苗木繁殖和苗圃地管理 3. 培养学生实践操作能力	1. 培养学生分析发现问题、解决问题的能力 2. 逐步养成理论与实践相结合，认知与应用相结合，主动学习思考的习惯
任务与案例	1. 繁殖材料的采集与贮藏 2. 扦插繁殖方法 3. 压条繁殖方法 4. 嫁接繁殖方法 5. 苗圃地管理及苗木出圃方法		
重点难点及解决方法	重点：葡萄苗木繁殖及出圃 难点：如何培育葡萄苗木 解决方法：各小组先按照项目任务书的要求，编制方案计划，确定方案后，再进行方案的实施工作		

项目教学任务完成过程

教学环节	教学内容	教师活动	学生活动	工具与材料	课内课外
下达工作任务	分析项目任务书	分组并确定组长，发放和讲解任务书	小组集中接受任务书		课内
信息收集	收集并阅读葡萄生物学特性及常用繁殖材料特性及贮藏方法；熟悉各种繁殖方法及苗木管理	学生收集资料	在教师指导下分析任务并收集资料，包括视频资料；学习收集到的相关资料	课件及网络视频资源，书籍等	课外
方案设计	制订项目任务进度；设计苗木繁殖和培育方案；绘制苗木繁殖技术路线图；编写苗木管理年历表	随时接受学生的咨询	小组讨论分析，制订方案		课外
制订方案	确定合理的工作计划；确定扦插、压条、嫁接成活的关键技术和具体操作方法	组织协调小组汇报，讲评方案；总结各方案的特点	各小组讲解计划，互相评价；制订合理的方案		课内

续表

教学环节	教学内容	教师活动	学生活动	工具与材料	课内课外
组织实施	接穗采集和贮藏;扦插育苗、压条育苗、嫁接育苗(根据实训基地条件决定苗木繁殖方法);苗木繁殖后管理	学生分析,师生总结,解决问题;指导学生在实训基地或实验室进行扦插、嫁接苗木繁殖;指导学生进行繁殖后管理	识别繁殖材料、熟悉繁殖用材料和工具;在教师指导下完成扦插、嫁接操作;在教师指导下完成扦插和嫁接后处理	教师根据教学学期,提前准备好插条和接穗及修枝剪、手锯、塑料薄膜、肥沃园土、锯末等材料工具	课外课内(实践基地或实验室)
方案考核	检查扦插、嫁接是否符合操作规范;检查扦插、嫁接后续管理工作是否合理	组织学生交叉检查、点评	演示、讲解;互相检查和评价		课内
分析并解决出现问题	总结整个工作过程;提出改进意见;对方案给出一个评价成绩	组织学生进行讨论、分析、总结,提出改进意见	讨论、分析、总结		课内

课 后 任 务

1. 项目完成情况总结和体会

2. 思考题

(1)葡萄扦插苗和营养袋苗优质苗木的标准是什么? 评价培育优质苗木的意义? (2)葡萄扦插苗、嫁接苗繁育技术步骤要点是什么? (3)如何提高葡萄扦插苗和嫁接苗成活率? (4)简述葡萄苗木包装、运输和贮藏过程中应注意的问题。(5)为什么葡萄自根繁殖不定根的形成能力与其在系统发育过程中形成的遗传特性有关?

项目二 葡萄园建立规划方案

教 学 目 的

教学目标	知识目标	专业能力目标	社会和方法能力目标
教学目标	1. 掌握园址选择条件及学会园地调查方法 2. 学会葡萄园规划设计的步骤和方法 3. 能根据生产方向如酿酒或鲜食选择合适的品种 4. 熟练掌握葡萄苗栽植技术及栽后管理技术	1. 能进行葡萄园建立规划设计 2. 培养学生实践操作能力	1. 培养学生分析发现问题、解决问题的能力 2. 逐步养成理论与实践相结合,认知与应用相结合,主动学习和思考的习惯
任务与案例	1. 葡萄园址调查选择 2. 葡萄园规划设计 3. 葡萄品种选择 4. 葡萄苗定植及栽后管理		
重点难点及解决方法	重点:葡萄园建立规划设计 难点:绘葡萄园规划图、写出规划设计书 解决方法:各小组先按照项目任务书的要求,编制方案计划,确定方案后,学习生产案例,进行修改		

项目教学任务完成过程

教学环节	教学内容	教师活动	学生活动	工具与材料	课内课外
下达工作任务	分析项目任务书	分组并确定组长,发放和讲解任务书	小组集中接受任务书		课内
信息收集	收集并阅读果园调查方法和果园规划设计材料;收集葡萄优良品种;熟悉苗木定植及栽后管理关键方法	学生收集资料	在教师指导下分析任务并收集资料,包括视频资料;学习收集到的相关资料	课件及网络视频资源,书籍等	课外
方案设计	制订项目任务进度;葡萄园的调查;编写葡萄园的规划和设计书;提供品种选择条件及优良品种;制订栽植技术及栽后管理方案	随时接受学生的咨询	小组讨论分析,制订方案		课外
制订方案	确定合理的工作计划;确定葡萄园规划设计的步骤和方法;确定不同生产方向优良品种及葡萄苗栽植关键技术和具体操作方法	组织协调小组汇报,讲评方案;总结各方案的特点	各小组讲解计划,互相评价;制订合理方案		课内
组织实施	根据调查材料和数据,对园址选择加以研究和分析,为葡萄园管理和建园提出建议;结合调查情况进行葡萄园设计;确定葡萄苗栽植技术方案	学生分析,师生总结,解决问题;指导学生完成方案设计	学会园址调查方法,对园地选择进行分析,提出存在的问题;在教师指导下完成葡萄园规划方案、葡萄苗栽植技术方案		课外课内
方案考核	每组汇报葡萄园建立规划方案	组织学生交叉检查、点评	演示、讲解;互相检查和评价		课内
分析并解决出现的问题	总结整个工作过程;提出改进意见;对方案给出一个评价成绩	组织学生进行讨论、分析、总结,提出改进意见	讨论、分析、总结		课内

课 后 任 务

1. 项目完成情况总结和体会

2. 思考题

(1)现代葡萄园建立的标准是什么? (2)葡萄园规划设计中应该注意哪些问题? (3)葡萄建园时选择葡萄品种的主要依据是什么? (4)葡萄栽培前的准备有哪些主要内容? (5)栽植葡萄的步骤方法是什么? 栽后管理的主要内容及措施有哪些? (6)葡萄园中什么样的灌溉系统是经济和有效的?

项目三　葡萄的整形修剪及夏季修剪

教 学 目 的

教学目标	知识目标	专业能力目标	社会和方法能力目标
教学目标	1. 掌握葡萄修剪的原理 2. 学会葡萄整形修剪方式 3. 学会葡萄冬季修剪和夏季修剪方法	1. 认识葡萄树体结构和枝芽特性 2. 熟悉葡萄各种整形方式 3. 学会葡萄冬季修剪和夏季修剪 4. 培养学生实践操作能力	逐步养成理论与实践相结合,认知与应用相结合,主动学习思考的习惯
任务与案例	1. 葡萄整形修剪原理 2. 葡萄整形修剪方式 3. 葡萄冬季修剪方法 4. 葡萄夏季修剪方法		
重点难点及解决方法	重点:葡萄整形修剪方式、葡萄冬季修剪及夏季修剪方法 难点:如何获得高光效的整形修剪方式和省力化夏季修剪技术 解决方法:根据项目任务要求,各小组先按照任务书的要求,编制方案计划,确定方案后,依据校内实践条件进行方案的实施		

项目教学任务完成过程

教学环节	教学内容	教师活动	学生活动	工具与材料	课内课外
下达工作任务	分析项目任务书	分组并确定组长,发放和讲解任务书	小组集中接受任务书		课内
信息收集	收集并阅读葡萄生物学特性及常用整形修剪方式;熟悉葡萄冬季修剪方法和夏季修剪方法	学生收集资料	在教师指导下分析任务并收集资料,包括视频资料;学习收集到的相关资料	课件及网络视频资源、书籍等	课外
方案设计	制订项目任务进度;设计葡萄各种整形方式及管理方案;设计冬季修剪内容及方法;设计夏季修剪方法,配合不同整形方式,如何做到省力化要求	随时接受学生的咨询	小组讨论分析,制订方案		课外

续表

教学环节	教学内容	教师活动	学生活动	工具与材料	课内课外
制订方案	确定合理的工作计划;确定葡萄各种整形方式及管理方案;确定葡萄冬季修剪方法和夏季修剪方法;葡萄高光效树形和轻简化枝蔓修剪方法实施条件及方法	组织协调小组汇报,讲评方案;总结各方案的特点	各小组讲解计划,互相评价;制订合理方案		课内
组织实施	葡萄树体结构和枝芽特性识别;整形修剪方式识别;葡萄冬季修剪或夏季修剪操作	学生分析,师生总结,解决问题;指导学生在实训基地或实验室进行葡萄整形及冬季夏季修剪	识别葡萄树体结构和枝芽特性;在教师指导下完成不同树形整形;在教师指导下完成冬季或夏季修剪	教师根据教学进度,提前准备好实习葡萄植株	课外课内(实践基地或实验室)
方案考核	检查是否熟悉葡萄树体结构和枝芽特性;检查是否熟悉葡萄各种整形方式及其管理;检查葡萄冬季或夏季修剪是否符合操作规范	组织学生交叉检查、点评	演示、讲解;互相检查和评价		课内
分析并解决出现问题	总结整个工作过程;提出改进意见;对方案给出评价成绩	组织学生进行讨论、分析、总结,提出改进意见	讨论、分析、总结		课内

课 后 任 务

1. 项目完成情况总结和体会

2. 思考题

(1)为什么说葡萄的架式、整形和修剪三者之间是密切相关的? (2)葡萄冬季修剪注意事项有哪些? (3)埋土防寒地区如何获得高光效、便于埋土的整形修剪方式? (4)不埋土地区高光效的树形有哪些? (5)葡萄省力化夏季修剪技术有哪些?

9. 学习评价

包括方案考核、实验基地实施评价、小组各自评价、组间评价,各占 25%。

10. 思考题

(1)分析葡萄不同架式、树形和修剪之间的关系。

(2)葡萄需肥特性是什么? 如何施肥? 施肥量如何确定?

(3)简述葡萄的主要砧木种类和特性。

(4)埋土防寒地区防止葡萄冻害的措施有哪些?

(5)试判断葡萄生长过程中水分丰缺情况,并分析原因?

(6)查阅潜心于葡萄科学研究和社会服务的科学家事迹,以老一辈科学家为榜样,厚植"三农"情怀,担当"强农兴农为己任"使命。

11. 教学反思

本章教学过程中,教师以完成一个个具体任务为线索,将教学内容设计到每一个任务中,让学生以分组完成任务的方式掌握学习内容。在学生完成任务的同时培养学生的创新意识以及自主学习的习惯,引导他们去寻找解决问题的方法。由于果树综合管理技术在总论已学过,学生完成任务的效果达到了预期的教学目标,但在综合管理各项技术实施过程中,往往受到实践条件的限制。另外,学生动手能力还比较弱。在今后教学中,教师要创造好的实践条件,在总论学习过程中,多设计操作实验。另外,本章中挑选出 1~2 个环节进行项目教学法训练即可,这样可以节约时间,也可以减轻教师和学生的任务。

第十四章　桃教学设计

桃是蔷薇科（Rosaceae）李属（*Prunus* L.）桃亚属（*Amygdalus*）植物，是我国重要的果树树种之一。桃果实色泽艳丽、味道鲜美、芳香诱人、营养价值高，除鲜食外，还可加工成罐头、果汁等。在我国，桃果被视为吉祥之物，素有"仙桃""寿桃"之称，文化内涵丰富。桃树品种繁多，成熟期早晚不一，从五六月开始一直延续到 12 月陆续有桃果成熟上市。加之设施栽培和南北半球之间的进出口贸易，世界上许多国家和地区都可以一年四季向消费者供应新鲜的桃果。我国桃种植面积和产量均居世界第 1 位。目前，我国桃产业正处于数量型向质量型转变的关键时期。我国桃多元化品种格局已初步形成，白肉普通桃占主导地位，鲜食黄肉桃快速增加，油桃已成为产业重要组成部分。桃栽培模式和技术正在发生转变，如种植密度从大冠稀植向密植转变，整形方式从开心形向主干形、两主枝形转变，修剪方式从短梢修剪为主向长梢修剪转变，土壤管理由清耕法向生草法转变，病虫害防控由化学防控为主向综合防控等转变。本章教学课时为 2～4 学时，主要采用案例教学模式，从生产中选择确定桃栽培方面的真实案例，通过案例分析，引发学生深入思考，提高教学效果。

1. 教材分析

本节课内容选自《各论》中第四章桃。本章需要了解桃生产现状、掌握桃优质高效栽培技术，并把桃的生物学特性和栽培技术作为重点。教材第一节概况、第二节主要种类和品种、第三节生物学特性属于基本知识和基本理论；第四节育苗与建园、第五节栽培技术特点属于基本技能。教材中各部分内容介绍比较详细，并且为适应市场和生产要求，对品种和栽培技术特点等内容进行了补充，体现了理论基础知识的完整性、系统性。教师要依据教材内容，让学生掌握桃栽培相关基本理论、基本知识，为学生提供桃栽培综合管理技术要点。在此基础上，随着科学技术和产业发展，桃栽培新品种、新技术、新模式不断发生着变化，要紧跟时代发展，培养学生解决实际问题的能力，使学生加深对桃生长发育特性及其栽培技术的认识和理解。教学知识框架参见图 14-1。

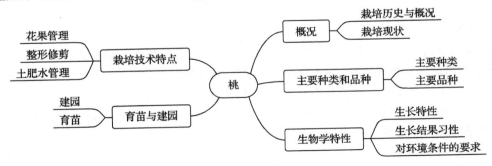

图 14-1　知识框架

2．教学内容分析

果树栽培各论是果树栽培学总论课程的延续,通过果树栽培学总论的学习,学生明确了果树的种类、生态环境和生长发育规律,系统掌握了育苗、建园、土肥水及花果管理、整形修剪的基本理论和技术,能够独立进行育苗、建园、果园管理等各个生产环节的技术工作。在总论学习的基础上,本章采用案例学习教学模式。案例覆盖桃生产现状、桃优新品种、生物学特性和现代优新栽培技术等重点教学内容。采用案例分析,引起学生的共鸣,引发学生深入思考,提高课程教学效果。桃生物学特性属于抽象知识的概括性知识,育苗和建园、栽培技术按抽象知识分类属于方法知识,要求学生掌握桃生物学特性,学会育苗、建园、栽培综合管理的操作方法。本章教学教师利用实际生产中的案例帮助学生理解、记忆,构建桃树相关知识体系,分析产业现状,提升学生综合运用知识的能力。

3．教学目标分析

（1）知识目标　学生能够了解桃生产的意义、说出桃主要种类和品种、熟记桃生物学特性和栽培技术。

（2）能力目标　培养学生评估桃栽培决策,制订决策标准、制订和评估替代方案、制订行动和实施桃栽培计划。

（3）素养目标　培养学生甄选有价值信息的能力;能按照逻辑组织信息、作出合理假设;练习资料检索方法。

（4）课程思政目标　引导学生"坚定文化自信、增强文化自觉"。

思政目标实施过程:通过分析讨论案例"如何利用桃树文化促进地方桃产业持续稳定发展？",融入文化自信思政元素。

基于布鲁姆认知领域六层次学习目标分析参见图 14-2。

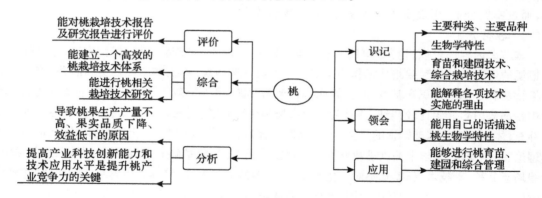

图 14-2　学习目标分析

4．学情分析

（1）知识方面　本章是果树栽培学总论课程的延续,通过果树栽培学总论的学习,学生已经掌握了果树的生长发育规律,熟悉果树育苗、建园、土肥水及花果管理、整形修剪的基本理论和技术,能够独立进行育苗、建园、果园管理等各个生产环节的技术工作。

（2）能力方面　通过总论学习,学生已经具有了探究学习能力和资料收集能力,能够自主发现和提出问题,能适应小组合作学习。

5．重点、难点分析

（1）教学重点　熟悉桃主要种类和品种、熟记桃生物学特性和栽培技术,学会桃生产案例分析。

（2）教学难点　选编案例及案例教学法实施。

6. 教学模式

案例教学模式，就是在学生学习和掌握了一定果树栽培相关理论知识的基础上，通过剖析栽培和产业生产案例，让学生把所学的理论知识运用于果树栽培的实践活动中，以提高学生发现、分析和解决实际问题的能力。案例教学法具有变注重理论知识为注重实践能力、变被动接受为主动学习、变单向信息传递为多向交流的特点。案例法的教学方式是以案说理，使学习内容从枯燥乏味变得生动活泼，学生从被动的知识接受者变为主动的探求者，成为学习主体。教师加以引导，提出解决问题的方法，学生将重点放在分析问题和解决问题的能力上，调动集体的智慧和力量，开阔思路、集思广益，有利于教与学双方各自知识水平的提高。

7. 教学设计思路

本次案例教学法借鉴了翻转课堂的思路，将桃树相关理论知识及案例内容学习安排在课前课余时间完成，课中主要进行案例探究和讨论。教学活动设计涉及课前准备、课堂实施、课后评价三个阶段的工作。课前教师布置预习任务，发送案例材料，为学生确立学习起点，学生预习相关案例内容并收集学习资料，根据性格特点及学习能力自行分组。课中教师新课导入，呈现案例，初步分析梳理案例内容，为学生后续讨论做铺垫，教师组织学生以小组为单位进行讨论探究，并在这个过程中引导、督促学生积极参与小组互动。小组讨论完毕，各小组派代表发言，展示小组讨论成果，全班自由讨论，由教师带领对案例进行总结。课后教师对本堂课进行反思总结，对学生作出评价，学生针对本堂课的表现进行自评、互评。具体教学设计思路参见图14-3。

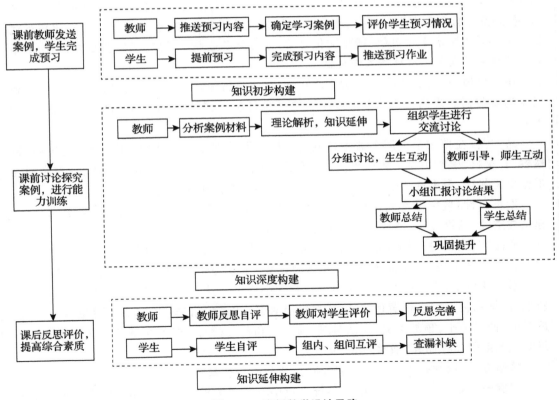

图 14-3　案例教学设计思路

8. 教学活动设计

课 前 准 备

　　教师发送预习资料和案例:学生提前预习,掌握基本知识,熟悉案例材料,查阅相关资料。

　　预习一:基本理论、基本知识、基本技能学习

　　(1)桃主要种类和品种有哪些? 主要栽培品种中早、中、晚熟品种有哪些? (2)桃树根系生长特性是什么? (3)桃树芽按不同分类方法分别属于哪一类? (4)桃树枝芽生长特性和结果习性有哪些? (5)桃树花芽分化属于哪种类型? 其花芽分化分为哪三个时期? 大致在什么时间段? (6)桃树结果枝的类型有哪几类? (7)桃树苗木的繁殖方法有哪些? (8)桃树常用的乔化有哪些? (9)简述桃树传统和快速育苗方法。(10)桃树需肥特性是什么? (11)生产上桃树常用树形有哪些? (12)提高桃树坐果率的措施有哪些? (13)桃树整形修剪应该注意什么问题? (14)桃树如何施肥? 施肥量如何确定? (15)以主干形为例,简述桃树整形过程。

　　预习二:案例选择

　　根据教学内容编制案例资料,提前在班群发放资料链接,让学生进行预习。

　　【**案例一　概念认知型:植物之家——桃树的详细资料**】

　　植物文化:在中国传统文化中,桃是一个多义的象征体系。桃花象征着春天、爱情、美颜与理想世界;桃果融入了中国的神话,隐含着长寿、健康、生育的寓意。桃树的花、叶、枝木、果所表现的生命意识,致密地渗透在中国桃文化的纹理中,彰显中国传统文化源远流长。引导学生坚定文化自信、增强文化自觉,为文化产业蓬勃发展,激发新活力,不断满足人民群众精神文化生活新需求作贡献。

　　用途价值:桃的品种除了采果品种外,也有观花品种。早春盛开的桃花,娇艳动人,是优美的观赏树。果肉清津味甘。除生食之外也可制干、制罐。果、叶均含杏仁苷,全株均可入药。

　　品种:桃在植物学上属于蔷薇科桃属。桃亚属共有 6 个种,即桃、山毛桃、光核桃、新疆桃、甘肃桃、陕甘山桃。桃较重要的变种有油桃、蟠桃、寿星桃、碧桃。其中,油桃和蟠桃都作果树栽培,寿星桃和碧桃主要供观赏,寿星桃还可作桃的矮化砧。

　　生长习性:桃树是喜光树种,分枝力强,生长快,如管理不当,容易徒长,影响光照,引起枯枝空膛,结果外移,造成树势早衰,降低产量和品质。

　　形态特征:桃是一种乔木,高 3～8 m;树冠宽广而平展;冬芽圆锥形,顶端钝,外被短柔毛,常 2～3 个簇生,中间为叶芽,两侧为花芽。叶片长圆披针形、椭圆披针形或倒卵状披针形。花单生,先于叶开放。果实形状和大小均有变异,卵形、宽椭圆形或扁圆形;果肉白色、浅绿白色、黄色、橙黄色或红色,多汁有香味,甜或酸甜;核大,离核或黏核,椭圆形或近圆形,两侧扁平,顶端渐尖,表面具纵、横沟纹和孔穴;种仁味苦,稀味甜。花期 3—4 月,果实成熟期因品种而异,通常为 8—9 月。

　　繁殖方式:以嫁接为主,也可用播种、扦插和压条法繁殖。

　　案例一知识点:(1)桃树在中国传统文化中有哪些体现? 如何利用桃树文化促进地方

桃产业持续稳定发展？（2）该案例对你学习桃树栽培技术有何启迪？（3）举例说明桃树有哪些特性？（4）桃树的生长习性对桃树栽培有哪些指导意见？

【案例二 行动探究型：河北省农业创新驿站开展桃树管理技术交流培训】

2020年10月25日，国家桃产业体系姜全首席、王力荣研究员、陈海江教授，河北省桃产业体系张立彬教授、李建成研究员、张学英研究员，受邀来到迁安亚滦湾特色水果创新驿站进行桃树管理技术交流培训，迁安市农业农村局科教科陶海滨科长、亚滦湾公司陈国有董事长陪同并参加此次培训。此次培训以室内培训交流及现场教学形式展开。在会上，北京市农林科学院林业果树研究所姜全研究员、河北省农科院植保研究所李建成研究员、郑州果树研究所王力荣研究员重点介绍了桃树生产技术、栽培模式、花果管理、桃树植保、病虫害防治、桃汁保鲜加工的关键措施及专业技术。

案例二知识点：(1)通过案例引导，结合课本内容，你能说出桃栽培的理论与关键技术有哪些吗？（2）近年来国家桃产业体系取得了哪些成就？

【案例三 延伸拓展型：平谷鲜桃——从果园到国宴的成熟之路】

2019年9月30日，《新闻联播》播报了"庆祝中华人民共和国成立70周年招待会在京隆重举行"的新闻，人们通过一组组镜头感受着热烈喜庆的节日气氛，感受着祖国的伟大、繁荣、富强的同时，一个热搜词"国庆桃"引起网友们关注——"国宴上的桃子真是又大又喜庆，还印着'70'标识，真想咬一口……"

平谷有3万多个桃园、218个品种，为完成"国桃"任务，平谷区有关领导带队扎进22万亩的大桃生产区，遴选生态环境好、地理位置好、水土条件好、品种适合的桃园；几十位果品专家翻查近20年大桃培育资料，筛选最优大桃品种。经过1个月的反复论证，以及农业农村部质监单位的检测，平谷最终确定3个乡镇、13亩种植园、6户果农承担国礼大桃生产任务，并选择了'谷艳''蓬仙15号''桃王99''莱山蜜'4个大桃品种。为确保高质量完成大桃生产任务，平谷区农业农村局和果品办公室制定了"平谷国桃"全要素管控手册等生产技术标准。从冬季整形修剪、精细花果管理、高光效树体管控，到土肥水管理、增甜提质、病虫害绿色防控，大桃生产等6大方面近百项生产技术要点，每项要点都有针对性措施，以保障大桃品质。大桃生产过程中严格执行生态绿色防控，减少果园用药次数，降低面源污染；采取挖排水沟防涝、架设防雹网、架设竹竿固定枝条防风、安装视频监控系统等安全保障措施；根据"70"贴字要求，完成6次制版、改版设计，经过8次12个版型的贴字、晒字试验，确保贴字清晰度达标。"智慧农业"生产技术也应用到平谷国桃生产过程中。食用者只要扫描大桃上的二维码，大桃种植者、大桃品种、生产地址、联系电话等信息，以及大桃采摘、分拣环节的音视频资料便一目了然，实现生产过程的全程溯源管理。最终，在中央和北京市有关单位的支持和指导下，平谷区圆满完成国庆礼桃保障任务。

案例三知识点：(1)桃树生产最适宜的立地条件是什么？（2）为什么说发展优良品种是提高果品质量的基本保证？（3）桃树高光效树形有哪些？如何整形修剪？（4）桃树土肥水管理优新技术有哪些？（5）桃树精细花果管理包括哪些技术要点？（6）生态绿色防控技术有哪些？（7）如何进行贴字水果生产？（8）平谷桃树生产防涝、防雹、防风等自然灾害安全措施有哪些？（9）什么是智慧农业技术服务和全程溯源管理？（10）平谷区农业已经从传统农业迈入"发展都市型现代农业,服务高端产业"的一个全新发展阶段,给我们的启示是什么?

学生预习,建立学习小组:根据教师提供的案例视频链接搜索视频,并结合果树栽培学《各论》教材正文相关内容,提前预习相关内容;提前分组并确定好组内角色分工。完成预习并提交预习1作业。

课 堂 教 学

教学环节	教师活动	学生活动	设计意图
视频导入	播放桃花节相关视频 【提问】每年我国不同地方桃花节大约在什么时间? 如果你是主办方,如何策划桃花节活动? 学生回答问题之后,给予鼓励和表扬(教师展开以下案例学习)。	学生观看视频,思考回答问题	通过生活情境,吸引学生学习桃树栽培的兴趣,有效地调动学生的学习积极性
案例一学习	【案例呈现】 通过PPT以文字的形式进行案例呈现,同时播放桃树介绍视频,帮助学生搭建桃树特性和栽培技术知识体系。 教师:大家看完视频都有颇多感触,是不是还意犹未尽呢?那么我们一起探讨案例1中哪些信息至关重要,也就是我们了解桃树,应该掌握桃树哪些生物学特性和栽培技术? 带着这样的思考,现在我们请一位同学为我们朗读这则案例,一起来揭晓答案。	【阅读案例】 一名学生朗读案例,其他学生认真聆听并仔细阅读课前发放的文本案例	案例材料很好地衔接了视频内容,让学生继续维持浓厚的学习兴趣。同时请同学朗读案例,可以培养学生的语言表达能力,锻炼学生在全班同学面前展示的勇气
案例一讨论	【案例分析】学生阅读完案例材料后,教师组织学生,围绕"如何利用桃树文化促进地方桃产业持续稳定发展?"主题进行角色扮演,如果作为管理者应实施怎样的计划推动桃产业持续稳定发展。	【角色扮演】 学生积极参与,扮演的角色也丰富多彩,有种桃树的果农、有政府管理者、桃树爱好者、观光群众等角色	通过角色扮演,将学生代入生活情境,变静为动,激发学生的学习兴趣,为后面的案例讨论做铺垫。通过案例分析融入文化自信思政元素
案例二学习	【案例呈现】 1. 教师通过多媒体呈现案例素材,结合PPT展示桃树栽培技术图片,让学生思考问题:(1)桃栽培的关键技术有哪些? (2)近年来国家桃产业取得了哪些成就?	学生认真听讲,并记录要点信息	通过案例学习,引导学生思考桃产业有哪些新品种、新技术、新模式,体会科学家在乡村振兴中的作用

续表

教学环节	教师活动	学生活动	设计意图
案例三学习	【案例呈现】 播放平谷评剧《国宴桃》。视频案例播放完毕后,教师先请学生回答上述的几个问题。学生回答完毕后,首先,教师对回答正确的学生给予肯定,同时鼓励回答错误的学生。其次,明确答案,将答案写在第一块(最左侧)黑板所展示的问题下方。最后,教师对案例进行初步讲解,针对案例抛出一些新的思考问题:(1)桃树建园我们为什么践行"推动绿色发展,促进人与自然和谐共生"理念?(2)平谷桃走上国宴桃,主要采取了哪些先进的栽培技术?运行了什么样的平谷桃发展管理模式? 教师将问题记录在第二块黑板上(按照从左向右的次序),作为分组讨论题目	在老师讲解后,写下相关问题的正确答案。桃栽培的关键技术:(1)桃树生产上栽培的优良品种;(2)不同年龄时期桃生长发育规律;(3)桃树施肥的次数、时期、用量、方法;(4)桃树整形修剪的依据及方法;(5)夏剪的时期、方法、内容;(6)不同年龄、不同品种的修剪方法;(7)桃花果管理的技术要点;(8)桃树主要病虫害及其防治方法	通过案例学习,明确了案例事件以及基础知识,学生及时记录笔记,强化知识的内化吸收,有利于学生从整体上把握知识,从而完成知识的初步构建。结合课本的内容,回答基础问题,有助于学生熟悉教材内容,同时引导学生自我思考,以此作为案例讨论的起点
案例分析组织讨论	根据案例分析过程中提出的问题,教师组织学生进行小组讨论探究。在讨论的过程中,教师督促没有积极参与小组合作讨论的学生主动发言,确保每一位学生都融入其中(课堂巡查),教师随时给予学生引导,避免讨论方向偏题或是陷于疑难问题而导致的小组冷场(引导协助)	【小组讨论】 学生按照课前准备分好的小组进行讨论。(1)组内成员一起解读、分析案例,并依次发表观点,推进讨论工作的进程;(2)由1名学生作为"讲解员",为大家分析案例要点内容;(3)学生组内依次表达观点、看法,由"记录者"将组内成员的发言记录在本子上;(4)求同存异,大家经过发言和讨论,由"汇总者"进行归纳,总结出小组的统一观点;(5)由逻辑思路较为清晰、语言表达能力强的学生作为"发言人"代表小组,在接下来的环节向全班展示小组讨论的结果	通过创设问题,引发学生的思考,引导学生主动学习。通过小组讨论,培养学生合作探究、积极发言以及解决问题的能力。在这个过程中,结合生活常识去联系案例中的内容,将理论与实际相结合,完成知识迁移。教师的引导可以提高讨论探究的效率,确保学生在课堂教学中的主体地位,并能充分发挥其主观学习能动性

续表

教学环节	教师活动	学生活动	设计意图
案例总结	【案例总结】 教师观察学生组内讨论状况,如大多数学生停止了讨论和组内发言,则提醒未完成讨论的小组尽快进行组内总结并给出倒计时的明确时间。待全班讨论完毕,告诉学生停止讨论,并组织大家以小组为单位依次发言(将学生发言要点记录在对应问题的黑板上)。小组发言完毕后,进行观点归纳,组织学生辩论,最后,带领全班进行案例总结以及知识点归纳(书写在第四块黑板上)。教师强调重、难点并布置课后作业	每个小组选派出一名代表作为"发言人",将小组的讨论结果向全班汇报,小组依次进行。(1)立地条件:平谷得天独厚的地理位置、适宜的环境与气候;(2)形成了一套综合、优质、高效栽培集成技术,包括高甜度优新品种选用、省力化的疏芽疏梢疏果夏季修剪技术、高光效树体结构构建、高培垄覆黑地膜节水增甜栽培技术、病虫害物理与生物防控技术等;(3)互联网＋大桃营销模式;(4)果品产业带动了旅游、餐饮、加工等相关产业的发展模式。各小组发言完毕,组间观点不一致,学生各自举手发言,集思广益,求同存异。最后,进行案例问题的归纳汇总和对本堂课学习内容的总结	班级讨论是小组讨论的延续,通过组间汇报,学生间彼此碰撞出新的思想火花,进一步引发学生的思考和对知识的强化,有利于培养学生的思辨能力以及归纳总结能力

课 后 任 务

教学环节	教师活动	学生活动	设计意图
教学反思	【教师反思】 教师对自我进行反思评价,查看是否达到本堂课的教学目标。教师对学生进行评价,检测学生总体课堂参与度与学习效果	【学生评价】 填写案例教学评价表,组长统计后汇总上交至教师	有利于检测教师和学生对自我的评价、反思,促使进步

9. 教学评价
本章采用案例教学评价法。

评价内容		评价等级(1～10分)			
		自评	组内互评	组间互评	师评
课前准备	课前预习案例材料,查阅相关资料				
课堂参与度	认真听讲,记录学习笔记				
	认真思考案例问题				

续表

评价内容		评价等级（1～10分）			
		自评	组内互评	组间互评	师评
小组讨论	积极完成小组分配工作,发挥自己的角色				
	认真倾听其他同学的观点				
	积极清晰地表达自己的观点				
能力提升	能够和小组同学共同讨论探讨				
	能够用理论知识解释案例中的实际问题				
	能够对别人的观点保持自己的判断、思辨				
总评					

10. 思考题

(1)桃树光合效能高的标准是什么？如何培养桃树高光效树形？

(2)现代桃产业发展的基本特征有哪些？

(3)怎样才能建立一个高效的桃肥水利用技术体系？

(4)桃树在夏季生长季出现黄叶现象,请分析可能原因,并给出相应的解决措施。

(5)桃树整形修剪应注意哪些问题？出现这些问题的原因是什么？

(6)综合所学专业知识,结合生产实际,选择一个品种,为某企业分别设计这个品种传统和快速育苗技术规程。

11. 教学反思

为落实立德树人根本任务,培养德智体美劳全面发展的社会主义建设者和接班人的要求,通过优化课堂教学方法,真正把人才培养落到实处。在本章教学过程中,依托案例资料,教师在讲理论的过程中,指导学生理论联系实际,借用案例启发学生思考,根据案例提供的背景信息进行思考,提高了学生分析问题、解决问题的能力,进而实现教学目标。但在今后教学过程中,教师要加强案例的收集,通过编写、整理案例,变成教学所用的典型案例。课堂教学中,在讨论案例时,教师要注意观察、倾听、交流,调控教学,照顾差异,做好组织、引导工作,鼓励学生畅所欲言。

参 考 文 献

［1］艾鹏睿.干旱绿洲区滴灌枣树最优调亏灌溉模式与施肥制度研究.乌鲁木齐:新疆农业大学,2022.

［2］曹凤,苏敏,臧红岩,等.基于"项目引领,任务驱动"的三段式教学模式的探索:以《单片机原理及应用》课程为例.国际公关,2020,11(67):135-136.

［3］陈姗.国内外教学设计研究的可视化比较分析.新乡:河南师范大学,2013.

［4］陈学森,王楠,张宗营,等.关于果树种质资源与遗传育种若干问题的理解与思考.中国农业科学,2022,55(17):3395-3410.

［5］楚乐乐,刘海强,盛星星,等.果树成花转变途径与调控研究进展.植物科学学报,2022,40(2):281-290.

［6］崔红标,胡开新,范玉超.案例教学在工科院校课程中的应用研究:以土壤污染与防治课程为例.南阳师范学院学报,2023,22(1):64-68.

［7］董星光,田路明,齐丹,等.我国果树资源保存与利用研究动态与趋势.中国果树,2022(10):57-62.

［8］高登涛.苹果矮化砧木M9T337对干旱胁迫响应机制及预警指标体系建立.石河子:石河子大学,2022.

［9］高东升,束怀瑞,李宪.几种适宜设施栽培果树需冷量的研究.园艺学报,2001(4):283-289.

［10］高瑞利.美国教学设计理论从ID1到ID2的发展.比较教育研究,2003(2):16-19.

［11］高小磊."互联网+"时代的大学英语教学反思.辽宁广播电视大学学报,2018(1):58-59.

［12］高源,王大江,孙思邈,等.中国北方地区果树种质资源研究与新品种选育进展:以中国农业科学院果树研究所为例.农业大数据学报,2022,4(2):5-12,4.

［13］格兰特·威金斯,杰伊·麦克泰格.追求理解的教学设计.2版.闫寒冰,宋雪莲,赖平,译.上海:华东师范大学出版社,2017.

［14］何克抗.也论教学设计与教学论:与李秉德先生商榷.电化教育研究,2001(4):3-10.

［15］化延斌,赵军,李六林.国内外果园节水灌溉技术研究进展.中国农业文摘-农业工程,2016,28(6):15-17.

［16］加涅,韦杰,戈勒斯,等.教学设计原理.5版.王小明,庞维国,陈保华,等译.上海:华东师范大学出版社,2007.

［17］姜全.当前我国桃产业发展面临的重大问题和对策措施.中国果业信息,2017,34(1):5-6,10.

［18］姜卫兵,韩浩章,戴美松,等.苏南地区主要落叶果树的需冷量.果树学报,2005(1):75-77.

［19］李桂芬.芒果花期调控及花芽分化的研究.南宁:广西大学,2005.

［20］李红莲,王强,丁丽华,等.几种果树开花调节基因分离及童期控制研究进展.农业与技术,2013,33(9):2-4.

［21］李华.葡萄栽培学.北京:中国农业出版社,2017.

［22］李胜利.伽师县百果园规划设计.北京:中国林业科学研究院,2014.

［23］李天忠,张志宏.现代果树生物学.北京:科学出版社,2008.

［24］刘杜玲.经济林栽培学总论.北京:中国林业出版社,2022.

［25］刘力宁.基于物联网的苹果生长环境监测与苹果冻害预警系统研究.泰安:山东农业大学,2019.

［26］刘丽丽,李建辉,陈骏,等.丛枝菌根真菌在果树研究中的应用.浙江柑橘,2021,38(2):9-13.

［27］刘子依.平谷大桃筑牢品牌护城河.中国品牌,2021,171(9):84-85.

［28］罗增涛.北方药用果树资源与开发调查分析.泰安:山东农业大学,2016.

［29］吕娇阳．不套袋富士系苹果品种筛选及无袋栽培技术研究．杨凌：西北农林科技大学，2018.

［30］马娜．无花果花芽分化的调控机制及其相关基因的研究．南京：南京农业大学，2018.

［31］毛洪霞．果园水肥一体化高效节水灌溉技术应用研究．智慧农业导刊，2022,2(14):82-84.

［32］孟家松，赵大球，孙静，等．项目教学法在《园林工程施工与管理》课程教学中的应用．产业与科技论坛，2021,20(20):155-156.

［33］彭丽丽，姜卫兵，韩健．源库关系变化对果树产量及果实品质的影响．经济林研究，2012,30(3):134-140.

［34］桑建荣．干旱荒漠区核果类果树抗旱生理及形态特性研究．乌鲁木齐：新疆农业大学，2004.

［35］尚晓峰．果树生产技术（北方本）．重庆：重庆大学出版社，2014.

［36］盛群力，陈伦菊．国际教学设计研究发展二十年探微．开放教育研究，2022,28(3):57-66.

［37］束怀瑞．果树栽培生理学．北京：中国农业出版社，1993.

［38］唐志萍．湖南丘陵地观光果园规划研究．长沙：湖南农业大学，2016.

［39］王超，李昂．"项目导入任务驱动"教学法在桥梁电算教学中的应用．大学教育，2021(9):72-74.

［40］王凯．负载量对南疆矮化自根砧嘎啦苹果形态建成、光合和可溶性糖的影响研究．石河子：石河子大学，2022.

［41］王丽敏，陈洁珍，欧良喜，等．果树童期研究进展．广东农业科学，2012,39(10):46-50.

［42］王世平．葡萄根域限制栽培技术．河北林业科技，2004(5):82-84.

［43］王世平．葡萄根域限制栽培技术的应用及优势．中外葡萄与葡萄酒，2015,202(4):74.

［44］王田利．果树树势巧判断．山西果树，2011,141(3):53.

［45］王薇．案例教学法在中职《植物生产与环境》教学中的应用研究．西安：西北师范大学，2022.

［46］王莹莹，王海波，刘培培，等．抗寒桃新品种'中农秀甜'．园艺学报，2022,49(1):15-16.

［47］王志强，牛良，崔国朝，等．我国桃栽培模式现状与发展建议．果农之友，2015(9):3-4.

［48］魏钦平，束怀瑞，辛培刚．苹果园群体结构对产量品质影响的通径分析与优化方案．园艺学报，1993(1):33-37.

［49］乌美娜．教学设计．北京：高等教育出版社，1994.

［50］吴光林．果树生态学．北京：农业出版社，1992.

［51］吴晓红，刘万毅，黄金莎．中学化学可视化教学设计与案例．北京：冶金工业出版社，2015.

［52］辛培刚，潘增光，沈向．果树生产中的ABC：十个方面五十五个问题系列化简汇．山西果树，1993(3):2-4.

［53］辛培刚．果树产量形成的原理途径与主要调控环节简析．山东林业科技，2004(6):47-49.

［54］辛培刚．苹果园管理技术之辩证．烟台果树，1993(3):14-16.

［55］许衡，杨和生，徐英，等．果树根际微域环境的研究进展．山东农业大学学报（自然科学版），2004(3):476-480.

［56］杨洪强，束怀瑞．苹果根系研究．北京：科学出版社，2007.

［57］杨柳，肖志刚，肇立春．"互联网+"时代下教师Vlog在教学反思中的应用．辽宁教育行政学院学报，2021(4):22-26.

［58］杨梅玲，毕晓白．大学课堂教学设计．北京：清华大学出版社，2015.

［59］W.迪克，L.凯瑞，J.凯瑞．系统化教学设计．6版．庞维国，皮连生，译．上海：华东师范大学出版社，2007.

［60］曾骧．果树的碳素营养．植物杂志，1987(1):21-23.

［61］曾骧．果树生理学．北京：北京农业大学出版社，1992.

［62］张兵．河北省果农节水灌溉技术采用行为及影响因素分析．保定：河北农业大学，2020.

［63］张洪胜，崔少明．果园肥水一体化概念、系统构成与实施步骤．烟台果树，2012,120(4):37-38.

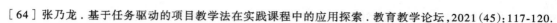

［64］张乃龙.基于任务驱动的项目教学法在实践课程中的应用探索.教育教学论坛,2021(45):117-120.

［65］张琦.果树栽培学实验实习指导书.北京:中国水利水电出版社,2013.

［66］张瑞,施海,陶万强,等.集数据采集　归纳分类　数据管理　可视化于一身　北京建成果树大数据管理系统.绿化与生活,2021(3):29-32.

［67］张绍铃,谢智华.我国梨产业发展现状、趋势、存在问题与对策建议.果树学报,2019,36(8):1067-1072.

［68］张晓云.富士苹果花芽生理分化期碳水化合物代谢及 PBO 的调控研究.杨凌:西北农林科技大学,2013.

［69］张一春.信息化教学设计精彩纷呈.北京:高等教育出版社,2018.

［70］张玉星.果树栽培学各论(北方本).3 版.北京:中国农业出版社,2003.

［71］张玉星.果树栽培学总论.4 版.北京:中国农业出版社,2011.

［72］赵巍巍.让苹果更红让乡村更美!栖霞市实施"乡村振兴三年行动".烟台日报,2021-12-16(07).

［73］赵月.苹果水肥一体化施肥模式研究.杨凌:西北农林科技大学,2021.

［74］赵政阳,马锋旺.苹果树现代整形修剪技术.西安:陕西科学技术出版社,2009.

［75］周效章.加涅的教学设计理论述评.周口师范学院学报,2008(6):139-141.

［76］朱更瑞.我国桃产业转型升级的思考.中国果树,2019(6):6-11.

［77］朱维.一年两收栽培阳光玫瑰葡萄花芽分化生理及分子机制研究.南宁:广西大学,2020.